Proportional
je mehr – desto mehr
je weniger – desto weniger

1 Im Eimer sind noch 6 kg Farbe. Wie groß ist die Fläche, die man damit streichen kann?

: 16 (6 kg ≙ 8 0 m^2 → 1 kg ≙)
· 6 (1 kg ≙ → 6 kg ≙)

6 kg ≙ 8 0 m^2
1 kg ≙
6 kg ≙

Antwort:
Mit den 6 kg Farbe kann man noch
__________ m^2 Fläche streichen.

Umgekehrt proportional
je mehr – desto weniger
je weniger – desto mehr

2 Für den Aufbau eines Messestandes sind 8 Arbeiter vorgesehen. Sie sollen in 15 Stunden fertig sein. 3 Arbeiter stehen aber nicht zur Verfügung. Wie viel Zeit wird nun benötigt?

: 8 (links) / · 8 (rechts)
· 5 (links) / : 5 (rechts)

8 Arbeiter ≙ 1 5 h
1 Arbeiter ≙
1 5 Arbeiter ≙

Antwort:
Die 5 Arbeiter arbeiten nun __________.

3 Zum Aufbau eines Fertighauses benötigen 6 Arbeiter 24 Stunden. Um schneller fertig zu werden, teilt die Firma 8 Arbeiter ein.

6 Arbeiter ≙ 2 4 h
1 Arbeiter ≙
8 Arbeiter ≙

Antwort: Sie brauchen __________ h.

4 Zur Anlage eines Gartens brauchen 3 Gärtner 12 Tage. Wann ist die Arbeit beendet, wenn 4 Gärtner eingesetzt würden?

3 Gärtner ≙ 1 2 Tage
1 Gärtner ≙
4 Gärtner ≙

Antwort: Sie brauchen __________ Tage.

5 Die Klasse 10a erhält für ihre Abschlussfahrt einen Zuschuss von 832 € bei 26 Jugendlichen. Die Klasse 10b hat 29 Schülerinnen und Schüler. Wie hoch ist ihr Zuschuss bei gleichem Betrag je Schüler?

2 6 Schüler ≙ 8 3 2 €
1 Schüler ≙
2 9 Schüler ≙

Antwort: ______________________________

Zuordnungen

1 a) Jogurtbecher einkaufen

Art der Zuordnung?

Becher	Preis (€)
5	1,65
1	___
3	___

b) Alpen-Butter einkaufen

Packung	Preis (€)
2	1,90
	1
	4,75

2 a) Flussrinne ausbaggern

Bagger	Monate
3	8
1	___
2	___

b) Straßendamm anlegen

Bagger	Tage
4	6
___	1
___	8

3 Wenn drei Windkraftanlagen je 24 Stunden im Einsatz sind, ist der Strombedarf einer Gemeinde für eine Woche abgedeckt. Wegen Wartungsarbeiten fällt in dieser Zeit eine Windkraftanlage aus. Wie viel Stunden müssen die restlichen Anlagen im Einsatz sein, um den Bedarf abzudecken?

Anlage	Stunden gesamt
3	___
1	___
___	___

Antwort: Sie brauchen ___ Stunden.

4 Für das 15 m^2 große Badezimmer müssen 240 Fliesen verlegt werden. In der Nachbarwohnung ist das Badezimmer 20 m^2 groß. Wie viel Fliesen verlegen die Fliesenleger in diesem Raum?

Fläche (m^2)	Fliesen

Antwort: Sie verlegen ___ Fliesen.

5 Der ICE 515 legt auf der neuen Bahntrasse die 166 km lange Strecke von Siegburg/Bonn nach Frankfurt/Flughafen in 40 Minuten zurück. Mit welcher Geschwindigkeit ist der ICE 515 unterwegs?

Minuten	Kilometer

Antwort: Er fährt mit ___ $\frac{km}{h}$.

6 Für ein Schulfest sollen Stände aufgebaut werden. Es sind 24 Schülerinnen und Schüler eingeteilt. Der Aufbau soll in $1\frac{1}{2}$ Stunden beendet sein. 4 Schüler stehen beim Aufbau dann aber nicht zur Verfügung.

Frage: ______________________________? *Antwort:* ______________________________

7 Im Wohnpark „Falkenhorst“ haben alle Wohnungen den gleichen Quadratmeterpreis.

a) Frau Bode bezahlt 346,50 € Miete für ihre 66 m^2 große Wohnung. Die Nachbarwohnung ist 92 m^2 groß. Wie hoch ist die Miete?

b) Die Miete von Familie Ates beträgt 414,75 €. Wie groß ist ihre Wohnung?

8 Für den Aufbau des deutschen Pavillons bei der Weltausstellung sind 15 Arbeiter im Einsatz. Die Arbeit soll in 24 Tagen beendet sein. Nach 8 Tagen erkranken drei Arbeiter. In wie viel Tagen kann die Arbeit nun abgeschlossen werden?

Antwort: ______________________________

9 „Elektro Wolff“ führt im neuen Industriepark die Elektroinstallationen durch. Der Meister hat 9 Handwerker für 20 Arbeitstage eingeplant. Nach 12 Tagen teilt der Meister für den Industriepark 3 Handwerker zusätzlich ein, um den Auftrag früher abschließen zu können. Wie viel Tage wird der Auftrag früher fertig?

10 Nach einer Hochwasserwarnung soll eine Altstadt am Elbufer durch einen Damm aus Sandsäcken geschützt werden. Das Technische Hilfswerk setzt 40 Männer und Frauen ein und rechnet für den Aufbau des Damms mit 16 Arbeitsstunden. Nach 6 Stunden Arbeit wird gemeldet, dass die Flut 2 Stunden früher als vorausgesagt eintreffen soll. Daraufhin werden weitere 10 Arbeiter an den Einsatzort geschickt. Wird der Damm rechtzeitig fertig?

Mehrgliedrige Zuordnungen

1

Für das neue Automodell M3 werden in einem Motorenwerk auf 2 Montagebändern in einer Schicht von 6 Stunden zusammen 180 Motoren montiert. Auf Grund der großen Nachfrage wird ein zusätzliches Montageband eingerichtet und die Arbeitszeit auf 8 Stunden erhöht. Wie viel Motoren können nun in einer Schicht montiert werden? Ergänze die Tabelle.

	Montagebänder	Stunden		Motoren
	2	6		180
: 2	1	6		90
· 3	3	6		
	3	1	: 6	
	3	8	· 8	

Antwort: ______________________________

2

Die „Sprudelwerke AG“ füllt auf 4 Abfüllanlagen in 8 Stunden 49 600 Flaschen Mineralwasser ab. Nach Erweiterung der Produktion stehen zwei weitere Abfüllanlagen zur Verfügung, die in einer Schicht 12 Stunden abfüllen. Wie viel Flaschen können nun an einem 12-Stunden-Tag abgefüllt werden? Ergänze die Tabelle.

Anlagen	Stunden pro Tag	Flaschen
4	8	49600
1	8	
6		

Antwort: ______________________________

3

Art der Zuordnung?

Der Autobahnring soll auf 4 Fahrspuren erweitert werden. Für den ersten Bauabschnitt sind 3 Bagger 8 Stunden pro Tag im Einsatz. Nach 30 Tagen ist die Arbeit beendet.
Im zweiten Bauabschnitt sollen 5 Bagger 12 Stunden pro Tag arbeiten. In welcher Zeit kann die Arbeit nun abgeschlossen werden? Ergänze die Tabelle.

Bagger	Stunden pro Tag	Tage
3	8	30
1	8	
5		

Antwort: ______________________________

1 **City-Car Autovermietung: Transporter am Wochenende**

TARIF 1 Grundpreis 50 €, dazu 40 ct für jeden gefahrenen Kilometer

TARIF 2 Grundpreis 80 €, dazu 30 ct für jeden gefahrenen Kilometer

Familie Werner überlegt, für welchen Tarif sie sich bei ihren Umzug entscheiden soll.
Für welche Fahrstrecke ist Tarif 1, für welche Strecke Tarif 2 billiger?

a) Ergänze die Tabellen.

Tarif 1

gefahrene km	0	10	50	100	150	200	350
Preis in €	50	54	70	90			

Tarif 2

gefahrene km	0	10	50	100	150	200	350
Preis in €	80	83					

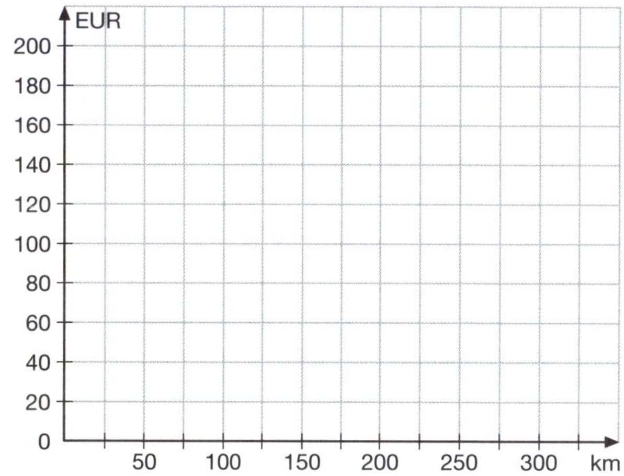

b) Zeichne die fehlenden Punkte in das Achsenkreuz ein. Verbinde.

Antwort: ____________________

2 **Handy-Tarif**

Mtl. Grundpreis Mtl. Mindestumsatz	5,00 € 5,00 €
Mo.–Fr. 8–18 Uhr	übrige Zeit
Eigenes Netz 0,39 €	0,19 €
Fremdes Netz 0,79 €	0,39 €

a) Überprüfe die Aussage von Ahmet.
Ergänze die Tabellen für den Tagestarif und für den Abendtarif.

Tagestarif (eigenes Netz)

Minuten	0	10	20	30	50	100
Preis €	5,00					

Abendtarif (eigenes Netz)

Minuten	0	10	20	30	50	100
Preis €	5,00					

b) Zeichne beide Tarife mit verschiedenen Farben in das Schaubild.

c) Vergleiche die Kosten für 30 min und 100 min. Wie viel Euro spart man?

d) Vergleiche ebenso die Kosten von Tagestarif und Abendtarif für das Telefonieren im fremden Netz. Lege Tabellen an. Zeichne die Geraden im Schaubild.

Lineare Zuordnungen

1 a) Vervollständige die Tabellen.
Zeichne die Punkte in das Achsenkreuz und verbinde sie.

y = 2x

x	−3	−2	−1	0	1	2	3
y	−6						

y = 2x + 1

x	−3	−2	−1	0	1	2	3
y	−5						

b) Vergleiche den Verlauf der Geraden.
Vergleiche auch die Funktionsgleichung.
c) Zeichne jeweils ein Steigungsdreieck ein.

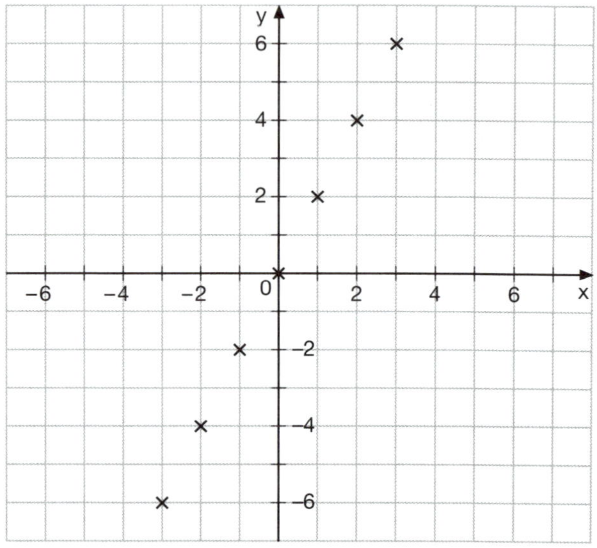

2 a) Vervollständige die Tabellen.
Zeichne die Geraden. Vergleiche ihren Verlauf und die Funktionsgleichungen.

y = −2x

x	−3	−2	−1	0	1	2	3
y	+6						

y = −2x + 3

x	−3	−2	−1	0	1	2	3
y	+9						

b) Zeichne jeweils ein Steigungsdreieck ein.

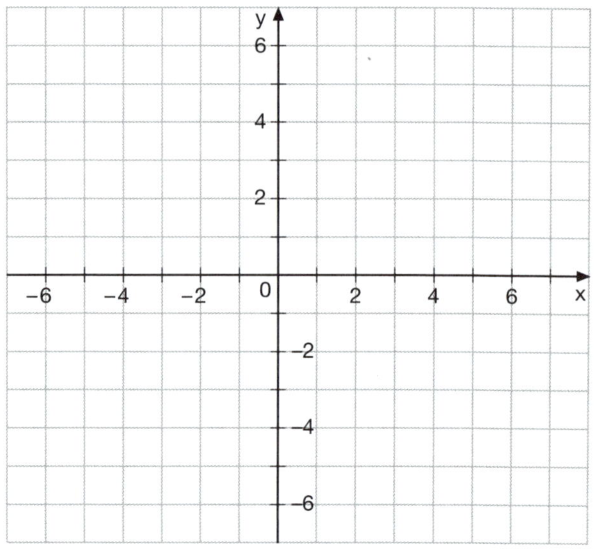

3 a) Vervollständige die Tabellen.
Zeichne die Geraden. Vergleiche ihren Verlauf und die Funktionsgleichungen.

$y = \frac{1}{2}x$

x	−3	−2	−1	0	1	2	3
y	−1,5						

$y = \frac{1}{2}x + 2$

x	−3	−2	−1	0	1	2	3
y	+0,5						

b) Zeichne jeweils ein Steigungsdreieck ein.

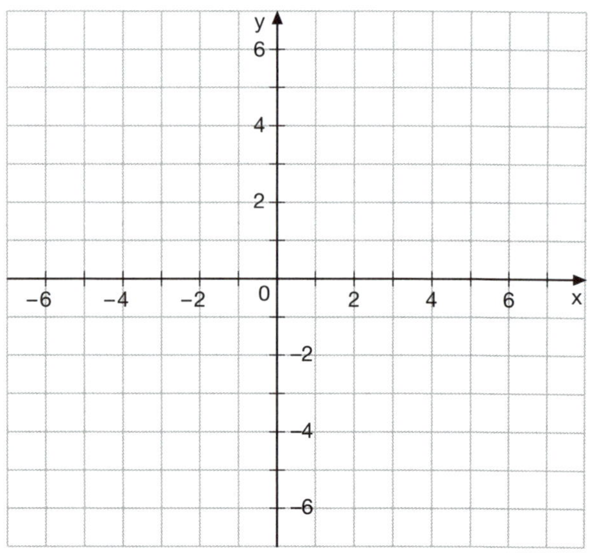

Prozentrechnen: Grundaufgaben

1

Prozentwert berechnen	Grundwert berechnen	Prozentsatz berechnen
Eine Digitalkamera von 299 € wird mit 30 % Rabatt verkauft. Wie viel Euro ist sie nun billiger? Gib auch den neuen Verkaufspreis an. 100 % = 299 € 1 % = 30 % =	Melanie erhält beim Kauf ihres Skianzuges einen Rabatt von 22 %. Der Skianzug ist um 88 € reduziert. Wie viel Euro hat er gekostet? 22 % = 88 € 1 % = 100 % =	Der Carving-Ski hat vorher 320 € gekostet. Melanie spart beim Angebot 80 €. Wie viel % Rabatt sind das? 320 € = 100 % 1 € = 80 € =
$P = \frac{G \cdot p}{100}$	$G = \frac{P \cdot 100}{p}$	$p = \frac{P \cdot 100}{G}$

Antwort: ______________________ *Antwort:* ______________________ *Antwort:* ______________________

2 Berechne die fehlenden Werte wenn möglich im Kopf.

a) 20 % von 750 € sind ________

50 % von ________ sind 42 €

________ % von 360 € sind 90 €

b) 75 % von 160 kg sind ________

10 % von ________ kg sind 90 kg

________ % von 720 kg sind 80 kg

3 Arzu entscheidet sich bei einer Internetversteigerung für folgende Angebote:

a) Lederjacke jetzt 27 €
60 % unter Neupreis

Frage:

Antwort:

b) Mountain-Bike neu 240 €
Nachlass 35 %

Stelle selbst eine geeignete Frage und rechne.

Frage:

Antwort:

4 Beim Fußballspiel Borussia Dortmund – Schalke 04 ist das Stadion mit 65 000 Zuschauern ausverkauft.

a) 45 500 Zuschauer sind Anhänger von Borussia Dortmund.

b) 12 % der Zuschauer sind weder Anhänger der einen noch der anderen Mannschaft.

Prozentrechnen

1 Der Fahrradhändler hat die Preise erhöht:
das City-Bike um 6%
den Gel-Sattel um 10%
die Packtasche um 12%
das Regencape um 4,5%

Alle Rechnungen im Heft.

Meine neuen Preise:

City-Bike	243,80 €
Gel-Sattel	41,80 €
Packtasche	57,60 €
Regencape	14,63 €

2 Preissenkungen im Sportgeschäft

a) Badminton-Schläger von 75 € auf 60 €
b) Fußbälle von 22 € um 8%
c) Trainingsanzug jetzt 45 €, Rabatt 15%
d) Fußballschuhe von 70 € auf 65,80 €

3 Fit durch Bewegung

a) Dem Basketball-Verein sind im letzten Jahr 42 neue Mitglieder beigetreten. Das war eine Zunahme von 15%.

b) Dagegen haben 24 Tennisspieler den TC „Rote Erde“ verlassen. Ihm gehören jetzt noch 288 Aktive an.

c) Der „FC Fortuna“ hat eine große Jugendabteilung. Von den 720 Vereinsmitgliedern sind 288 aktive Spieler. Von ihnen wiederum sind 216 Jugendliche. Berechne jeweils die Anteile in Prozent.

4 Für das Frühlingsfest in der Schule werden im Großhandel Getränke im Wert von 720 € eingekauft sowie Lebensmittel für 632 €. Hinzu kommt die Mehrwertsteuer.

5

6 Als „Paketpreis“ wird mit 25% Nachlass angeboten.
Wie hoch war der alte Preis?

Schaubilder auswerten

1 **Schwarz ist „in“ – auch bei dir?**
Ein Marktforschungsinstitut hat 500 Bürgerinnen und Bürger nach ihrer Lieblingsfarbe beim Autokauf gefragt.
Wie viel Prozent haben sich für die einzelnen Farben entschieden?
Ergänze das Diagramm.

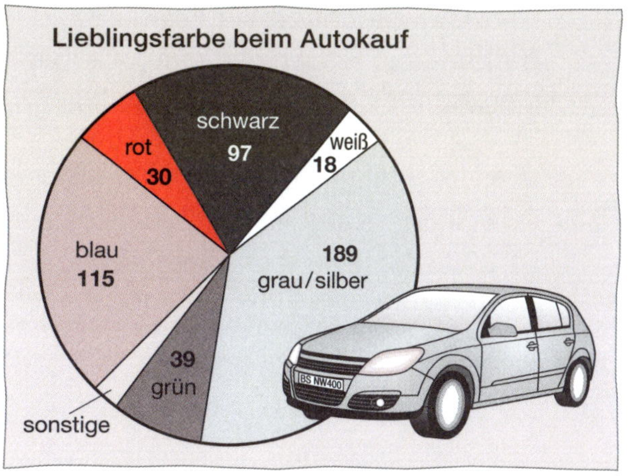

2 **Alle Deutschen wollen im Süden Urlaub machen. Stimmt das?**
Der ADAC hat 4000 Mitglieder befragt.
a) Wie viele Personen haben sich für die einzelnen Urlaubsländer entschieden?
b) Die restlichen Personen haben sich noch nicht entschieden. Wie viele sind das? Wie hoch ist ihr Anteil in Prozent?

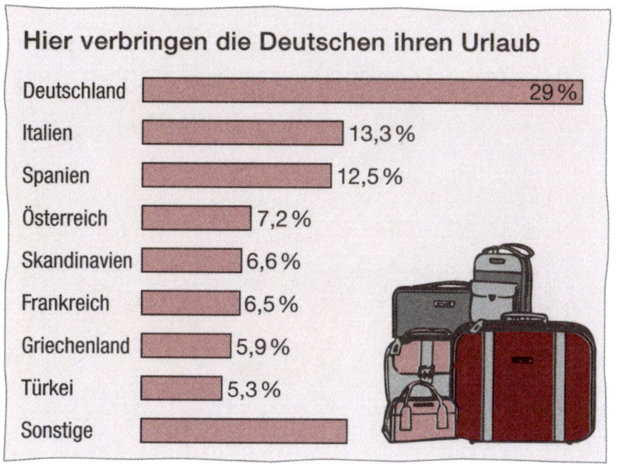

3 **Führerschein schon mit 17?**
Darüber gehen die Meinungen sehr auseinander. Das Hauptargument der Gegner: Die jugendlichen Autofahrer verursachen ein Drittel aller Unfälle im Straßenverkehr mit Personenschaden.
a) Untersuche die Verteilung.
b) Im Jahr 2004 gab es insgesamt 362 054 Unfälle mit Personenschaden. Berechne, wie viele von den einzelnen Altersgruppen verursacht wurden.

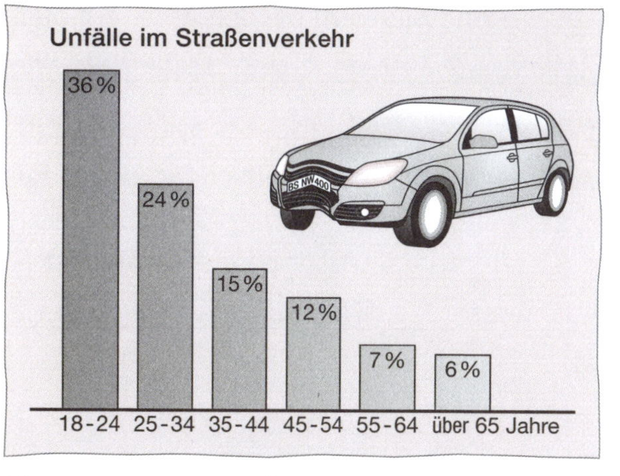

4 **Ganz gut entlohnt – oder?**
a) Wie hat sich der Stundenlohn von Auszubildenden in den letzten 4 Jahren für die fünf Berufsbereiche verändert?
b) Berechne jeweils die Veränderung in Prozent.

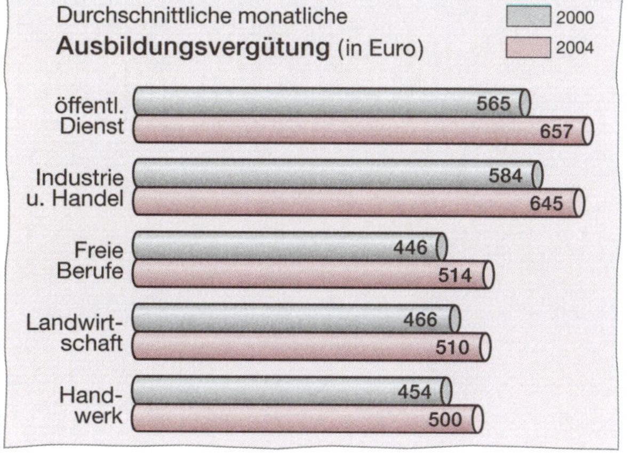

Schaubilder auswerten

1 **Chancengleichheit für Frauen?**

Berufstätige Frauen verdienen noch immer weniger als ihre männlichen Kollegen.

a) Wie hoch ist der Unterschied im durchschnittlichen Einkommen für Frauen und Männer in den Jahren 2001, 2002 und 2003. Berechne und vergleiche.

b) Berechne den Einkommensunterschied in Prozent. Runde auf 1 Stelle nach dem Komma.

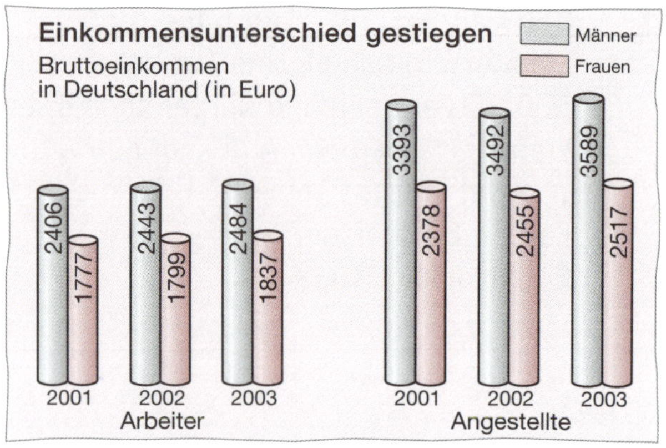

c) Wie wirkt sich der Tarifabschluss auf das durchschnittliche Bruttoeinkommen von Frauen und Männern bei den Arbeitern aus? Berechne und vergleiche.

d) Wie wirkt er sich auf das Bruttoeinkommen bei den Angestellten aus?

2 **Chancengleichheit für Frauen in Führungspositionen?**

Vergleiche die Anteile der Frauen in Führungspositionen in den einzelnen Ländern.

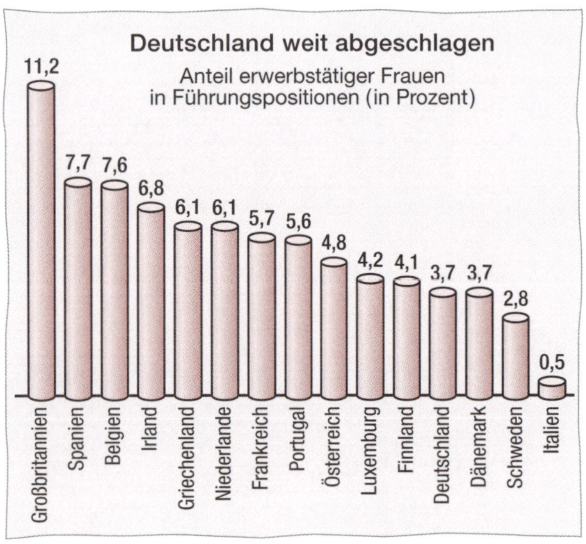

Zinsrechnen: Grundaufgaben

Zinsrechnen ist Prozentrechnen

Prozentrechnen:	Prozentwert P	Grundwert G	Prozentsatz p %
Zinsrechnen:	Zinsen Z	Kapital K	Zinssatz p %

1

Zinsen berechnen	Kapital berechnen	Zinssatz berechnen
Frau Hoff leiht sich für den Kauf eines Autos von der Bank 14 000 €. Dafür muss sie nach einem Jahr 8,5 % Zinsen zahlen. Wie viel Euro sind das? 100 % ≙ 14 000 € 1 % ≙ 8,5 % ≙	Familie Kara hat bei einer Bank Geld geliehen und zahlt im Jahr 840 € Zinsen. Der Zinssatz wurde auf 7 % festgelegt. Wie hoch war das Kapital? 7 % ≙ 840 € 1 % ≙ 100 % ≙	Für ein Darlehen von 5000 € muss Herr Meister 350 € Zinsen im Jahr bezahlen. Wie hoch ist der Zinssatz? 5000 € ≙ 100 % 1 € ≙ 350 € ≙
Setze in die Formel ein und berechne. $Z = \frac{K \cdot p}{100}$	Setze in die Formel ein und berechne. $K = \frac{Z \cdot 100}{p}$	Setze in die Formel ein und berechne. $p = \frac{Z \cdot 100}{K}$

Antwort: ______________________ *Antwort:* ______________________ *Antwort:* ______________________

2 Berechne die fehlenden Werte.

	a)	b)	c)	d)	e)	f)	g)
Kapital	1800 €	8000 €			12 000 €	7500 €	27 000 €
Zinssatz	6 %	7,5 %	3 %	3,5 %			6,5 %
Zinsen			210 €	3150 €	420 €	337,50 €	

3 Eine Bank wirbt für die Sparform „young+“. Bei ihr erhalten 14- bis 24-Jährige in Schule und Ausbildung einen Zinssatz von 3 %. Nuri spart 2500 €. Ihr Bruder legt 1700 € an.

Gegeben? Gesucht?

HEFT **4** Eine Tippgemeinschaft von 3 Spielern hat einen Lottogewinn von 64 000 € zu einem Zinssatz von 4,5 % angelegt. Wie viel Euro Zinsen erhält jeder am Jahresende?

HEFT **5** Familie Schmidt hat für die neue Wohnzimmereinrichtung ein Darlehen von 9000 € aufgenommen. Sie zahlt 576 € Zinsen im Jahr.

HEFT **6** Frau Akkaya hat ihre Eigentumswohnung verkauft und das Geld für 4,5 % angelegt. Nach einem Jahr erhält sie 5625 € Zinsen.

Tages- und Monatszinsen

1 Herrn Busch fehlen zur Finanzierung eines Motorrades noch 6000 €. Er leiht sich das Geld von der Bank zu einem Zinssatz von 9,5 %. Der Kredit hat eine Laufzeit von 9 Monaten. Wie viel Zinsen muss er zahlen?

Formel:

$$z = \frac{K \cdot p \cdot t}{100 \cdot 360}$$

Dreisatz:
- Zinsen erst für 1 Jahr
- dann für 9 Monate bzw. 270 Tage

2 Berechne die Zinsen.

	a)	b)	c)	d)	e)	f)	g)
Kapital	4000 €	7500 €	4800 €	60 000 €	4800 €	25 600 €	12 800 €
Zinssatz	9,5 %	8 %	8,9 %	6,5 %	3 %	6,25 %	3,5 %
Zeit	3 Monate	5 Monate	9 Monate	210 Tage	180 Tage	80 Tage	150 Tage

3 Das Girokonto von Herrn Hecker war für 40 Tage zur Finanzierung eines Notebook mit Drucker und Maus um 2320 € überzogen. Die Sparkasse berechnete für diesen Dispositionskredit 13 % Überziehungszinsen.

Gegeben?
Gesucht?

4 Julia zahlt am 1. März auf ihr „young+"-Konto 1500 € ein. Der Jahreszinssatz beträgt 3 %. Wie viel Euro schreibt ihr die Sparkasse am Ende des Jahres gut?

5

6 Zur Finanzierung einer computergesteuerten Drehbank muss eine Firma für 8 Monate einen Bankkredit von 125 000 € aufnehmen. Sie handelt einen Zinssatz von 7,25 % aus.

7 Frau Schulz hat ihr Girokonto 21 Tage lang überziehen müssen. Die Bank berechnete einen Zinssatz von 12,5 %. Auf dem Kontoauszug wurden Überziehungszinsen von 3,20 € ausgedruckt. Um welchen Betrag hatte Frau Schulz ihr Konto überzogen?

8 Frau Karok kauft für ihre Boutique 25 Hosen (Einzelpreis: 32 €) und 15 Hemden (Preis pro Hemd: 18 €) im Großhandel in verschiedenen Größen ein. Sie muss ihr Konto kurzfristig um diesen Betrag für 7 Tage überziehen und bezahlt 2,97 € Überziehungszinsen. Wie hoch war der Zinssatz der Sparkasse?

Zinseszinsen

1 Frau Koballa nimmt das Angebot an und legt 6000 € für 4 Jahre fest.

a) Wie wächst das Kapital von Jahr zu Jahr an? Ergänze die Tabelle.

b) Wie viel Euro erhält Frau Koballa nach 4 Jahren ausbezahlt?

Ihr Kapital wächst von Jahr zu Jahr:
Laufzeit 4 Jahre
Verzinsung 3 %
Zinsauszahlung am Ende der Laufzeit

Jahre	Kontostand am Jahresanfang	Zinsen bei 3 %	Kontostand am Jahresende
1	6000 €	180 €	
2			
3			
4			

2 Berechne das Kapital am Ende der Laufzeit einschließlich der Zinseszinsen.

	a)	b)	c)	d)	e)
Kapital am Anfang	5000 €	5000 €	12 000 €	3500 €	25 000 €
Zinssatz	3 %	2,5 %	4 %	5 %	4,5 %
Laufzeit	6 Jahre	6 Jahre	5 Jahre	4 Jahre	6 Jahre
Kapital am Ende					

HEFT **3** Frau Burau hat 3500 € gespart. Sie legt ihr Geld 4 Jahre lang an und erhält jährlich 4 % Zinsen. Die Zinsen werden aber erst am Ende der Laufzeit ausbezahlt.

Frau Burau erhält nach 4 Jahren eine Gesamtsumme von ________ € ausbezahlt.

4 Die Verbraucherzentrale rät: Vergleichen Sie die Angebote der Banken. Es lohnt sich.

Familie Güven hat 6000 € auf einem Sparkonto mit normaler Kündigungsfrist. Dafür erhält sie nur 1,5 % Zinsen.
Sie vergleicht die Angebote der Sparkassen und Banken in ihrer Nähe.

Angebot 1:
Ihr Sparkonto jetzt:
Zinssatz 1,5 %
Spareinlage kann zu jeder Zeit abgehoben werden.

Angebot 2:
Kreissparkasse:
Zinssatz 3,5 %
5 Jahre lang fest,
Zinseszinsen am Ende der Laufzeit.

Angebot 3:
Stadtsparkasse:
Zinssatz 4,5 %
5 Jahre lang fest,
Zinseszinsen am Ende der Laufzeit.

Angebot 4:
Ihre freundliche Bank:
Zinssatz 4,5 %
5 Jahre lang fest.
Sie heben die Zinsen am Ende jedes Jahres ab. Kein Problem.

Nach 5 Jahren erhält sie folgende Zinsen:

Angebot 1: ______ € Angebot 2: ______ € Angebot 3: ______ € Angebot 4: ______ €

MACH DICH FIT!

Test 1

1 Herr Ates kauft auf dem Wochenmarkt Äpfel der Sorte „Jona-Gold“ ein. Für 1,250 kg bezahlt er 2,00 €. Frau Schulz kauft an einem anderen Stand 2,125 kg von der gleichen Sorte und bezahlt 2,58 €. Wer hat billiger eingekauft?

2 Farah und Ali haben sich zum Erdbeerpflücken verabredet. In zwei Stunden wollen sie 10 kg zusammen bekommen. Nach einer Stunde hilft Kevin mit. Wie viel kg Erdbeeren werden sie nun nach 2 Stunden mit nach Hause nehmen?

3 Der Camping- und Freizeit-Markt lockt zur Eröffnung mit Sonderangeboten. Gib den Preisnachlass in Euro und in Prozent an.

4 Der Große Preis von Europa in der Formel 1 findet auf dem Nürburgring, der Große Preis von Deutschland auf dem Hockenheimring statt.

a) Wie viel km legen die Piloten jeweils im Rennen zurück?

b) Auf welcher Strecke ist die Durchschnittsgeschwindigkeit höher?

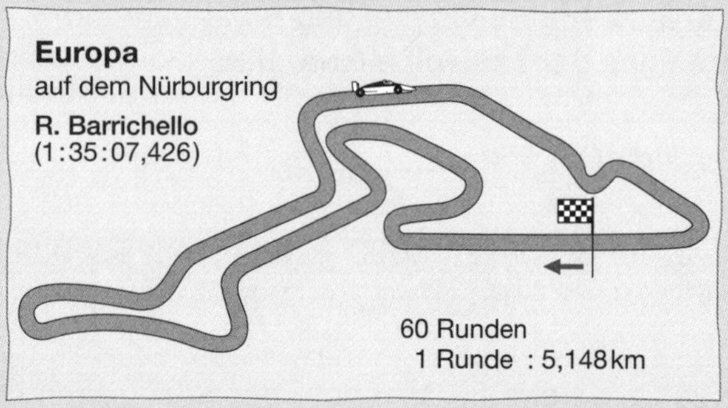

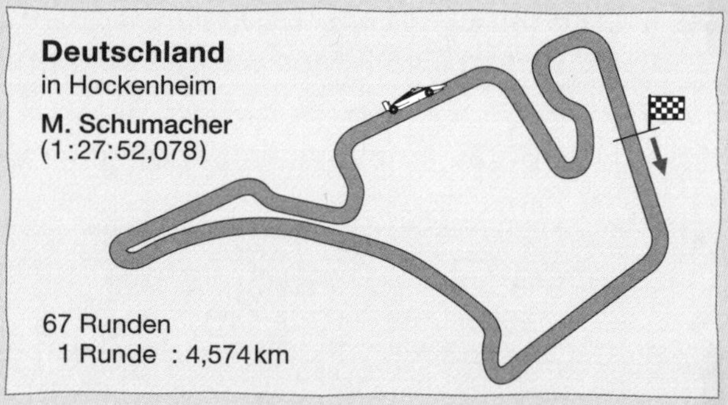

5 Das Schaubild zeigt, wie viele Fluggäste auf den großen deutschen Flughäfen in einem Jahr gezählt wurden. Stelle eine Rangfolge von groß nach klein auf

a) für die Zahl der Fluggäste,

b) für die prozentualen Anteile.

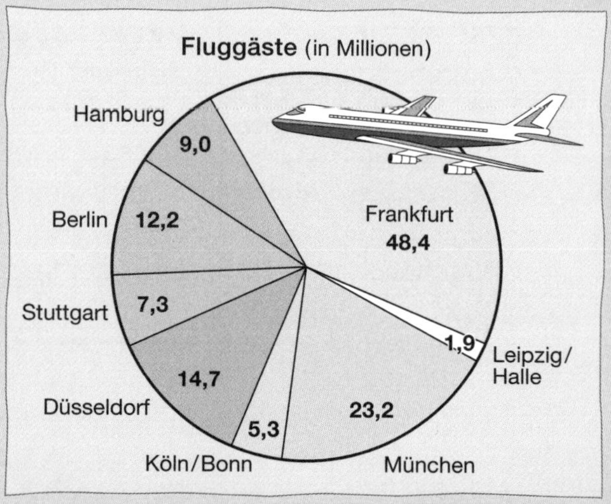

MACH DICH FIT!

Test 2

1 Wird der gleiche Preisnachlass gegeben? Gib in Euro und in Prozent an.

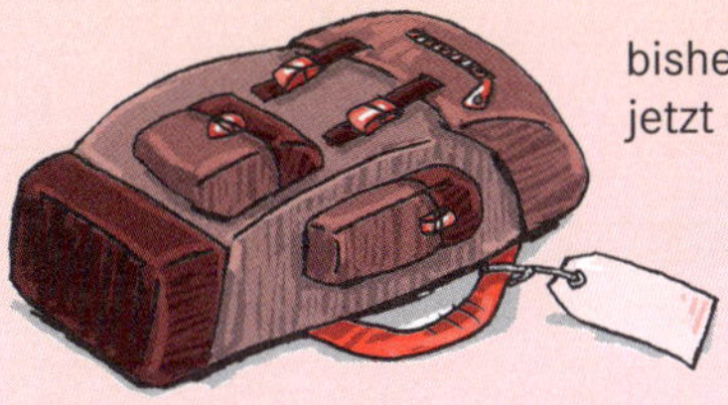

bisher **74,95 €**
jetzt **39,95 €**

bisher **29,95 €**
jetzt **19,95 €**

2 Nach Überlegungen der Deutschen Bahn AG könnte die Magnetschnellbahn „Transrapid" einmal zwischen Hamburg und Berlin verkehren. Für die 284 km lange Strecke würde der Transrapid 53 min benötigen. Mit welcher Durchschnittsgeschwindigkeit ist der Transrapid dann unterwegs?

3 Frau Jonat möchte 4200 € für ein Jahr als Sparanlage festlegen. Ihre Sparkasse bietet ihr als Kundin 3,5% Zinsen an, eine benachbarte Bank wirbt mit 4,25%. Lohnt sich für diese Anlage der Wechsel?

4 Zur Finanzierung ihrer neuen Küche muss Familie Dornaika einen Bankkredit von 8000 € aufnehmen. Die Bank berechnet 8,2% Zinsen. Nach 7 Monaten kann die Familie den Kredit zurückzahlen, weil ein Bausparvertrag für sie frei wird. Wie viel Zinsen hat sie in dieser Zeit zu zahlen?

5 Preissprünge an der Zapfsäule.

a) Vergleiche den Preis für Super-Benzin im Dezember 2003 und Februar 2004. Um wie viel Cent ist er jeweils gestiegen?
b) Berechne die Preisunterschiede bei einer Tankfüllung von 55 Litern.
c) Im Februar 2004 wurden 81 Cent pro Liter als Steuern an den Staat abgeführt. Wie viel Prozent sind das?

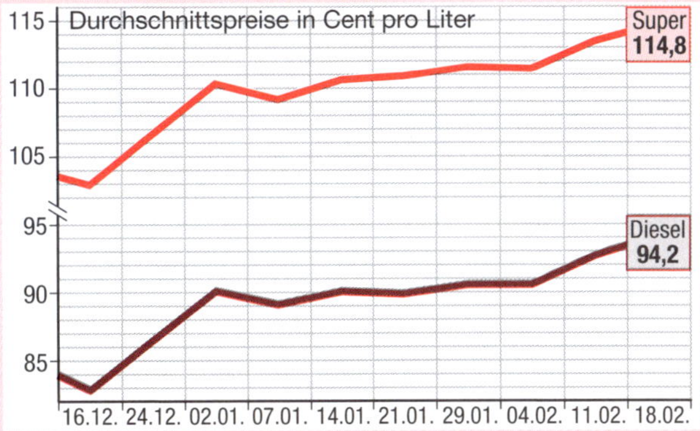

6 **Privatkredit – und alle Träume werden wahr.**
Familie Mäder muss zum Autokauf noch einen Betrag von 9500 € finanzieren. Sie vergleicht drei Möglichkeiten. Wie würdest du dich entscheiden? Begründe.

Finanzierung mit dem Girokonto	**Angebot 1:** Sparkasse	**Angebot 2:** Bank
13% Überziehungszinsen für 6 Monate	8,8% Jahreszinssatz Abschlussgebühr 40 € Laufzeit 60 Monate Zinssatz und Raten über die ganze Laufzeit garantiert.	9,2% Jahreszinssatz Laufzeit 60 Monate keine Abschlussgebühr Zinssatz und Raten über die ganze Laufzeit garantiert.

Dreiecke und Vierecke

1 Welche Formel gehört zu den Figuren? Zeichne Zuordnungspfeile.

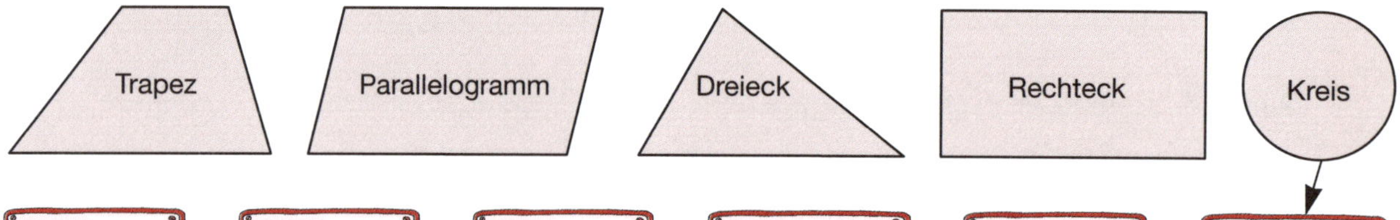

$A = \frac{g \cdot h}{2}$ | $A = a \cdot b$ | $A = a \cdot h$ | $A = \frac{a + c}{2} \cdot h$ | $A = \pi \cdot r^2$ | $u = \pi \cdot d$

2 Zeichne zu der Grundseite g die Höhe ein und berechne den Flächeninhalt der Dreiecke.

a)

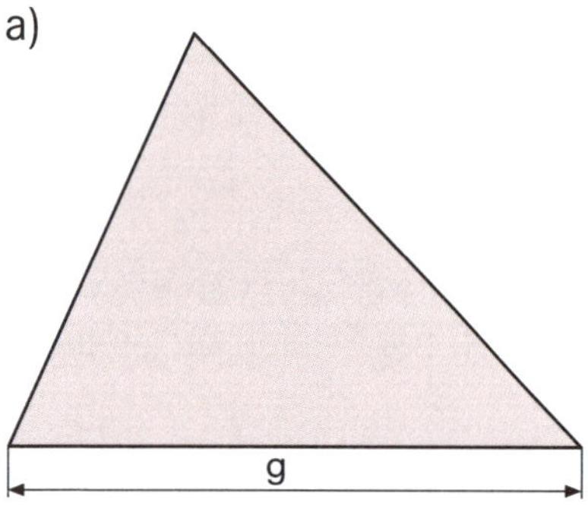

Maße in mm

b)

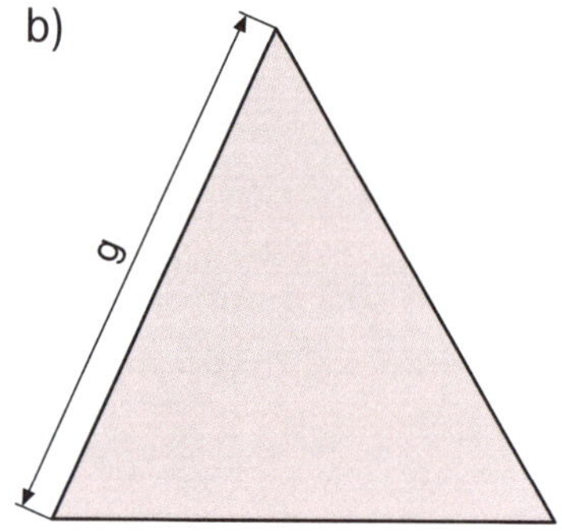

A = ____________ A = ____________

3 Fülle die Tabellen aus.

a)

Parallelogramm	(1)	(2)	(3)
a	8,4 cm	7,2 cm	4 dm
h	5,5 cm		
A		46,8 cm^2	50 dm^2

b)

Trapez	(1)	(2)	(3)
a	96 mm	18 m	4 dm
c	54 mm	12 m	6 dm
h	60 mm	4,6 m	
A			50 dm^2

4 Berechne den Flächeninhalt.

a)

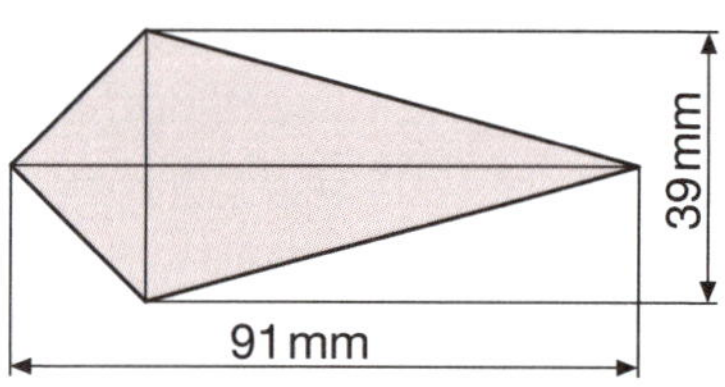

A = ____________

b)

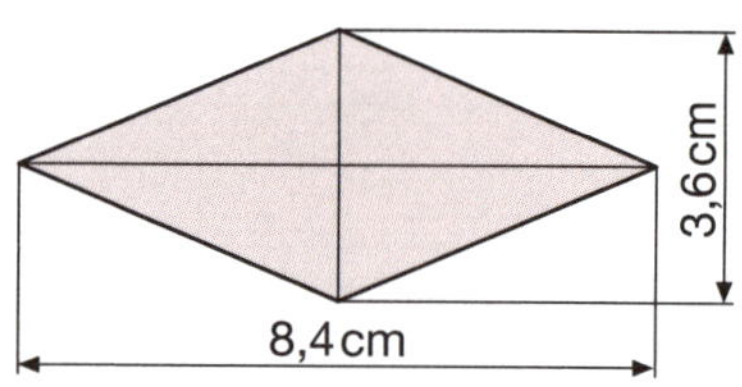

A = ____________

Zusammengesetzte Figuren

1 Berechne den Flächeninhalt des Rechtecks und der Figuren (1), (2) und (3).

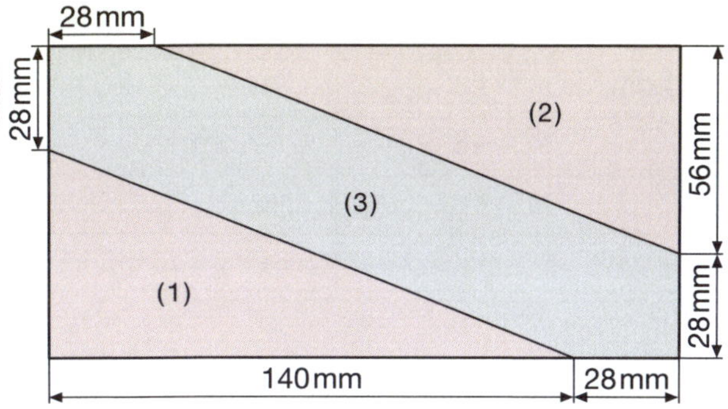

2 a) Berechne den Flächeninhalt der rot schraffierten Figur.
b) Lege die vier Dreiecke zu einem Quadrat zusammen. Wie groß ist sein Flächeninhalt?
c) Berechne den Flächeninhalt der gesamten Figur.

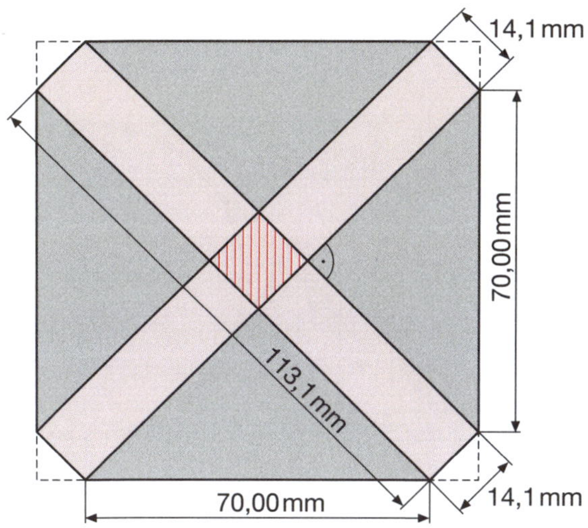

3 Berechne für das Reklameschild die Flächeninhalte des Randes und der Innenfläche des gefärbten Randes.

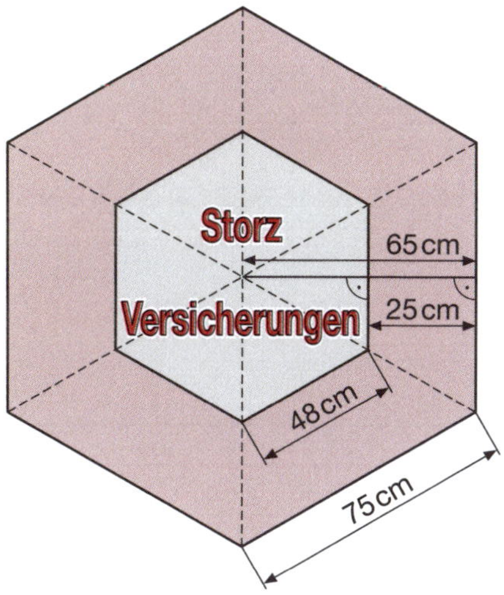

Trapez

Kleines Dreieck

Gesamtfläche

Kreis und Kreisring

1 Berechne den Umfang und den Flächeninhalt eines Kreises. Führe zuerst eine Überschlagsrechnung aus. Runde das berechnete Ergebnis auf eine Stelle.

$A = \pi \cdot r^2$
$u = \pi \cdot d$
$u = 2 \cdot \pi \cdot r$

Kreis	a)	b)	c)	d)	e)	f)
r	5 cm	10 cm	20 cm			
d				18 dm	9 dm	3 dm
u						
A						

2 Berechne den Radius, den Durchmesser und den Flächeninhalt der Kreise.

$d = \frac{u}{\pi}$

a) u = 45,65 m b) u = 69,84 m c) u = 245 cm

______ ______ ______

3 Wie groß sind der Radius, der Durchmesser und der Umfang des Kreises? Runde auf zwei Stellen.

$r = \sqrt{\frac{A}{\pi}}$

a) A = 10 m^2 b) A = 30 m^2 c) A = 100 dm^2 d) A = 25 dm^2

4 Berechne den Flächeninhalt der Kreisringe. Gib das Ergebnis in cm^2 auf eine Stelle nach dem Komma an.

a)
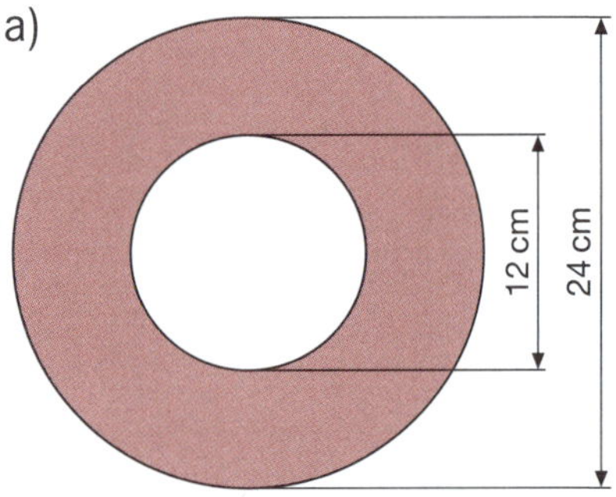

b)
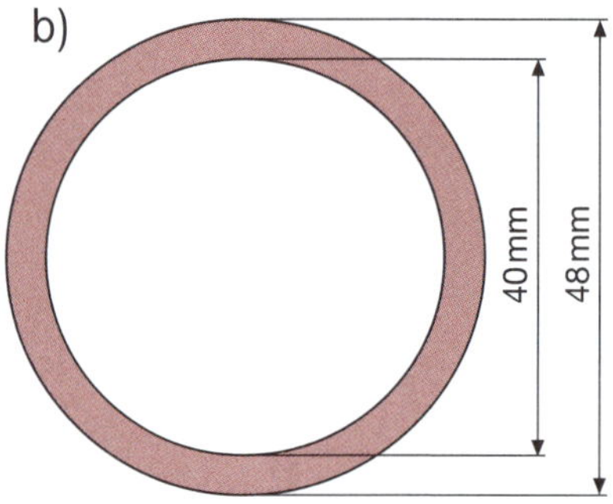

c)
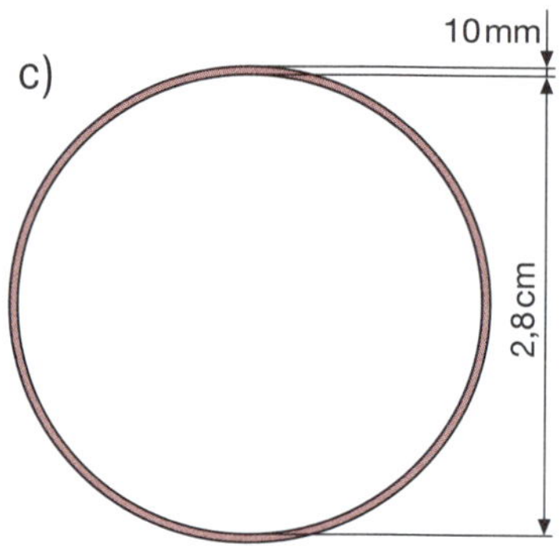

A = ______ A = ______ A = ______

5 Berechne den Flächeninhalt der schraffierten Fläche.

a)
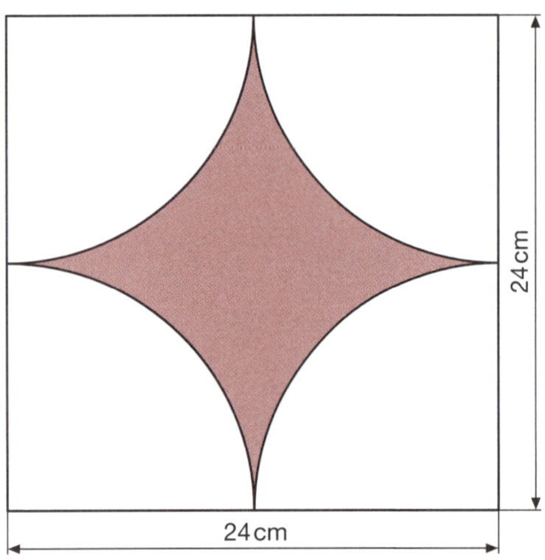

b)
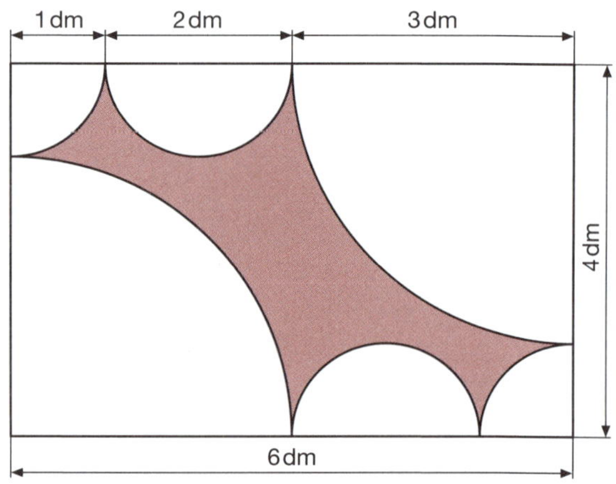

A = ______ A = ______

Berechnungen mit dem Satz des Pythagoras

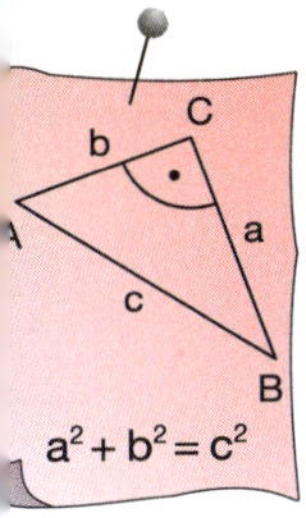

1 Überprüfe rechnerisch, ob die Dreiecke rechtwinklig sind:

a) $a = 6$ cm
$b = 12$ cm
$c = 15$ cm

Rechtwinklig? Ja / Nein

b) $a = 30$ cm
$b = 16$ cm
$c = 34{,}5$ cm

Rechtwinklig? Ja / Nein

c) $a = 6$ cm
$b = 14{,}4$ cm
$c = 15{,}6$ cm

Rechtwinklig? Ja / Nein

2 Berechne die Länge der Hypotenuse.

a)

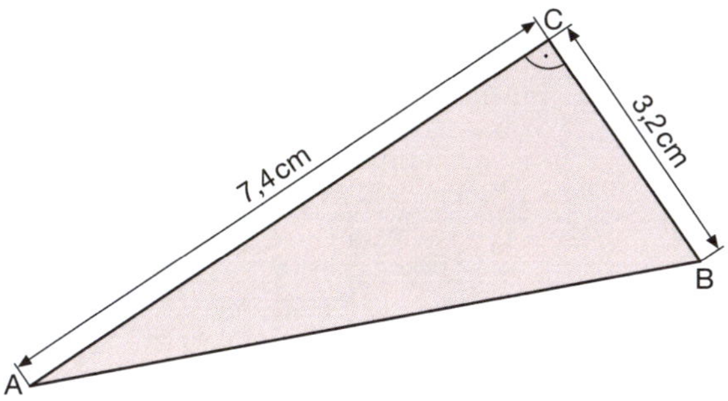

b)

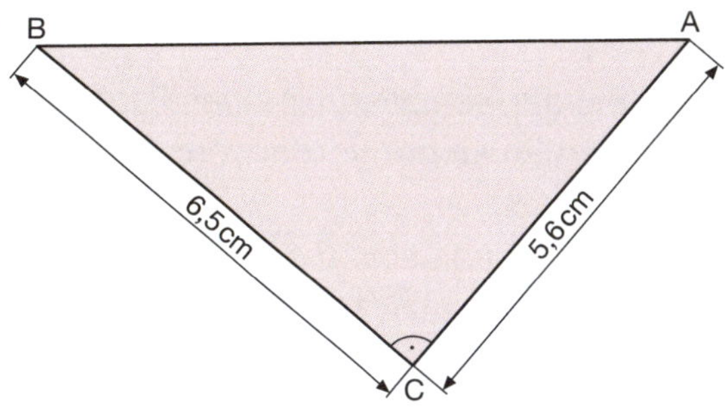

3 Berechne die Länge der Kathete.

a)

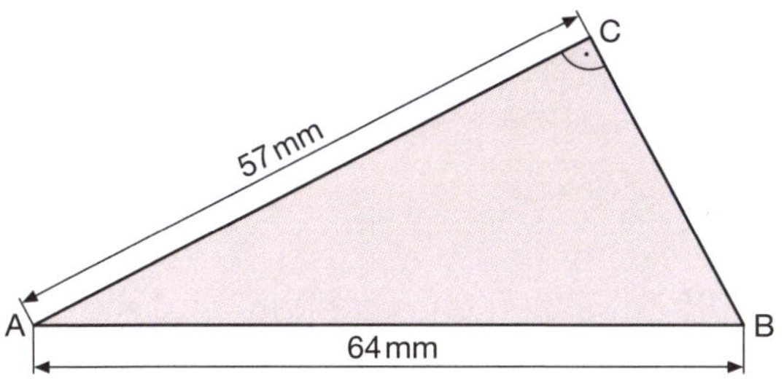

b)

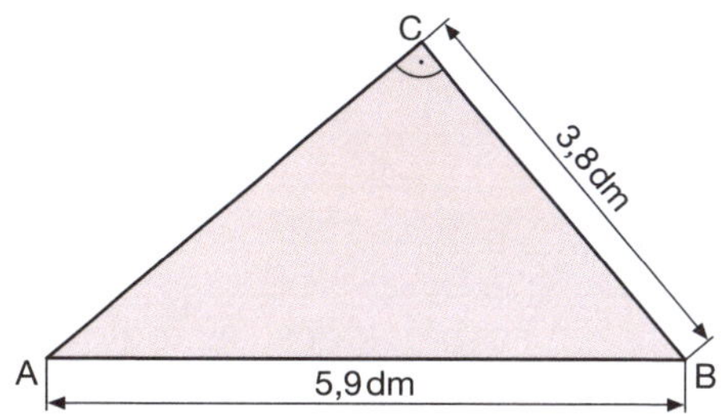

4 Berechne die Länge der rot eingezeichneten Strecken.

a)

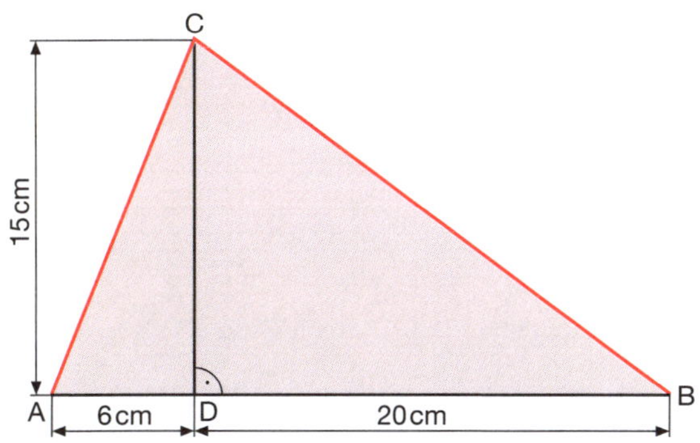

$\overline{AC}$ = ________; $\overline{BC}$ = ________

b)

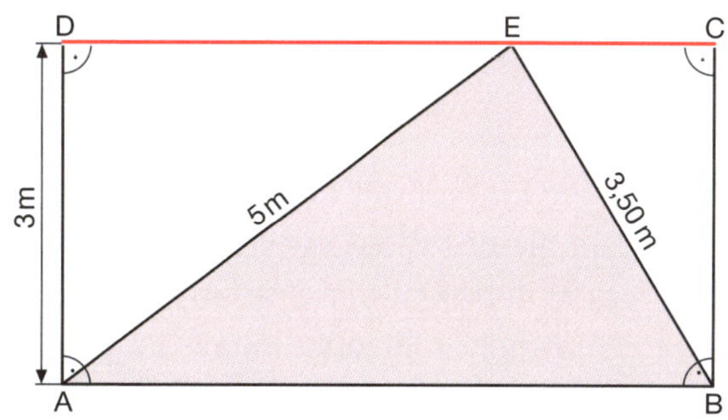

$\overline{DE}$ = ________; $\overline{EC}$ = ________

Berechnungen mit dem Satz des Pythagoras

1 In einem Kaufhaus fahren die Kunden mit ihrem Einkaufswagen auf einem Rollband von einem Stockwerk in das nächste Stockwerk. Wie lang ist die Verbindung?

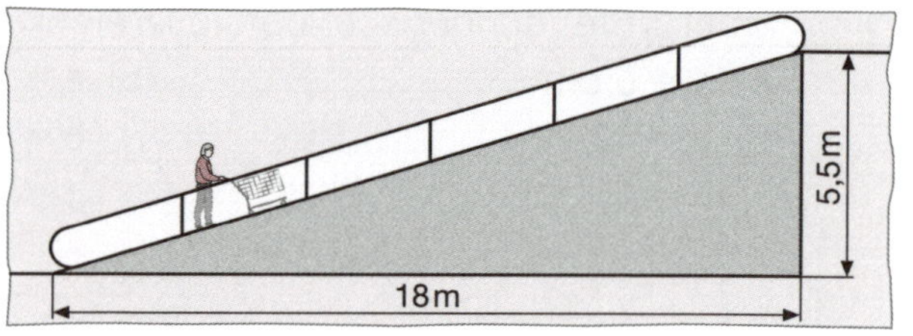

2 Bei einem Sendemast von 85 m Höhe werden in 50 m Höhe 90 m lange Halteseile montiert. In welchem Abstand vom Sendemast müssen die Halteseile im Erdboden verankert werden?

3 Bei der Renovierung eines Fachwerkhauses werden an der Vorderfront Stützbalken gesetzt.

a) Wie lang sind die Stützbalken?

b) Zur zusätzlichen Verstärkung sollen noch sechs Meter lange Stützbalken verwendet werden. In welcher Höhe werden sie an der Vorderfront befestigt?

4 Damit ein rechteckiges Gartentor (1,25 m x 0,85 m) sich nicht verzieht, wird die Diagonale als Verstrebung verwendet. Wie lang ist die Diagonale? Fertige eine Skizze an.

HEFT **5** Der Querschnitt eines Abwassergrabens ist ein gleichschenkliges Trapez.

a) Wie tief ist der Graben?

b) Welchen Flächeninhalt hat der Querschnitt des Grabens?

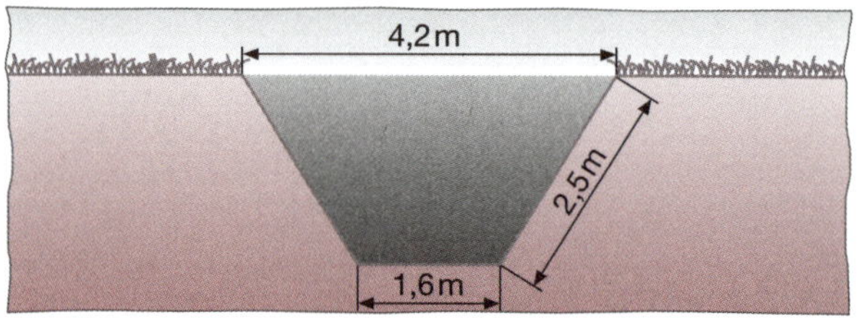

MACH DICH FIT!

Test 1

1 Welchen Flächeninhalt haben die Figuren?

a) Dreieck: g = 7,8 cm; h = 12 cm ______

b) Kreis: d = 2,50 m ______

2 Berechne in dem rechtwinkligen Dreieck ABC mit $\beta = 90°$ die Länge der fehlenden Kathete. Runde auf eine Stelle nach dem Komma.

a) b = 8 cm ______
a = 7,5 cm ______

b) c = 7,5 cm ______
b = 10,2 cm ______

3 Berechne den Flächeninhalt und den Umfang des Dreiecks.

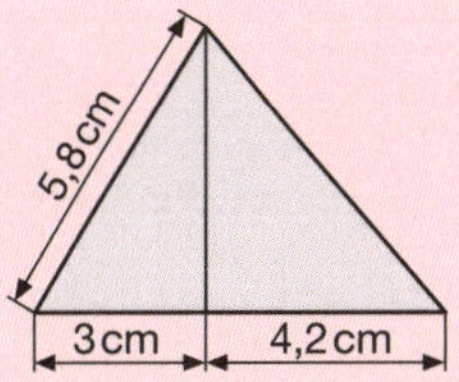

Flächeninhalt: ______

Umfang: ______

4 a) Berechne den Umfang und den Flächeninhalt des Konferenztisches.

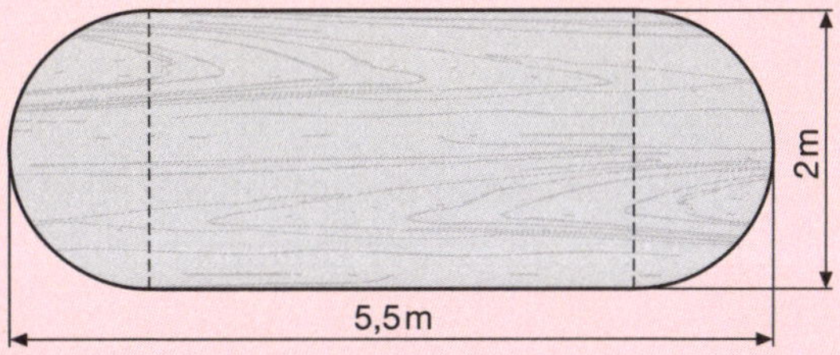

u = ______ A = ______

b) Für einen Sitzplatz werden 75 cm Platz benötigt. Wie viele Personen können an dem Tisch sitzen?

Test 2

1 Ein Kreis hat einen Flächeninhalt von 38,48 m^2.

a) Wie lang ist sein Durchmesser? d = ______

b) Welchen Umfang hat der Kreis? u = ______

2 Welchen Flächeninhalt haben die Figuren?

a) Trapez: a = 5,4 cm; c = 6,8 cm; h = 7,5 cm A = ______ cm^2

b) Kreisring: d_i = 2,40 m; d_a = 3,40 m A = ______ cm^2

3 Ein Rechteck ist 4,5 dm lang. Seine Diagonale misst 6,2 dm.

a) Welche Breite hat das Rechteck? Runde das Ergebnis auf mm. b = ______ mm

b) Berechne den Umfang und den Flächeninhalt des Rechtecks. u = ______ cm
A = ______ cm^2

Sinus, Kosinus und Tangens im rechtwinkligen Dreieck

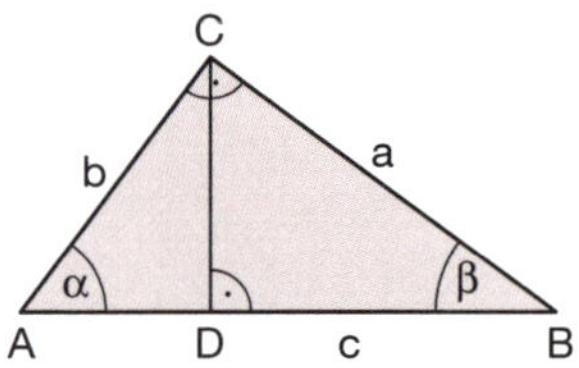

a = Gegenkathete von α

b = Ankathete von α

$\sin\alpha = \frac{\text{Gegenkathete}}{\text{Hypotenuse}} = \frac{a}{c}$

$\cos\alpha = \frac{\text{Ankathete}}{\text{Hypotenuse}} = \frac{b}{c}$

$\tan\alpha = \frac{\text{Gegenkathete}}{\text{Ankathete}} = \frac{a}{b}$

1 a) Berechne in dem rechtwinkligen Dreieck die Länge der Hypotenuse. Runde auf mm.

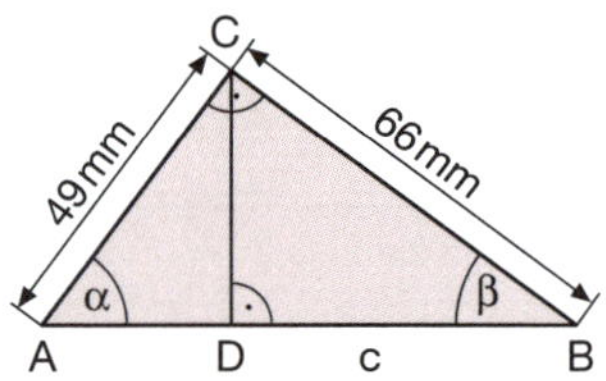

c^2 = ________ + ________ = ________

c = ____________________

b) Gib die jeweiligen Werte auf 2 Stellen an.

sin α = ——— = ________; cos α = ——— = ________; tan α = ——— = ________

sin β = ——— = ________; cos β = ——— = ________; tan β = ——— = ________

c) Bestimme α und β auf zehntel Grad. α = ________ β = ________

2 a) Bestimme in den rechtwinkligen Dreiecken die Längen der rot eingezeichneten Strecken.
b) Wie groß ist der Umfang und der Flächeninhalt der Dreiecke?

(1)

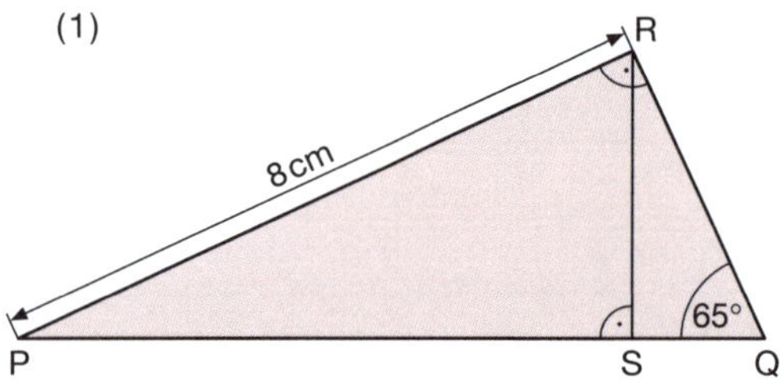

(2)

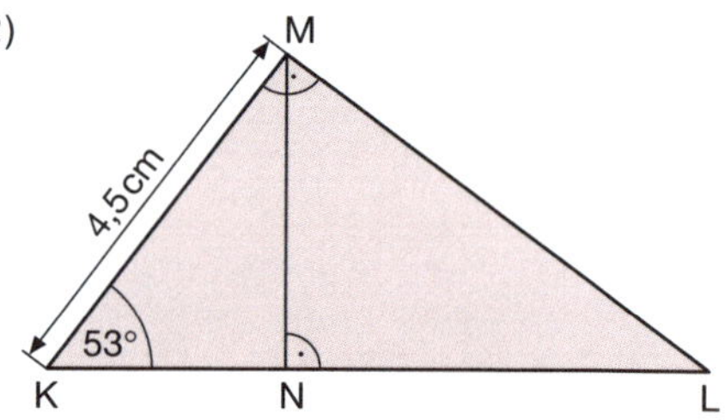

3 Eine 9 m lange Leiter lehnt an einer Hauswand und erreicht eine Höhe von 8,40 m.
a) Bestimme den Winkel, der von der Leiter mit dem Boden gebildet wird. Lege dafür eine Skizze an.
b) Welchen Abstand bildet die Leiter mit dem Boden?

Volumen und Oberfläche von Säulen

$V = G \cdot h_k$

1 Für welche Körper gilt die Volumenformel?

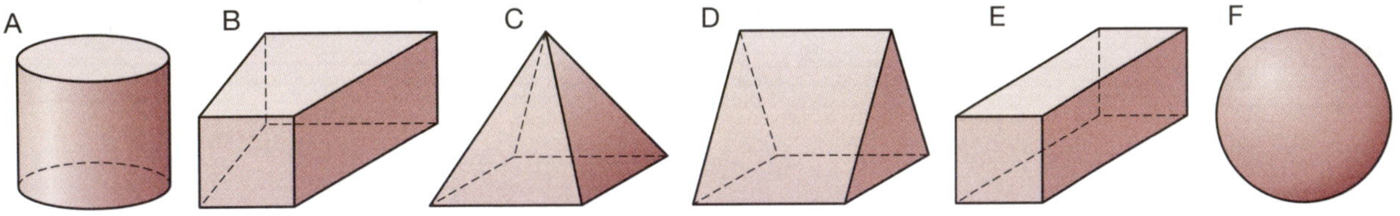

Ja ______ ______ ______ ______ ______ ______

Nein ______ ______ ______ ______ ______ ______

2 a) Berechne die Grundfläche, den Mantel und die Oberfläche der Dreieckssäule.

b) Berechne das Volumen.

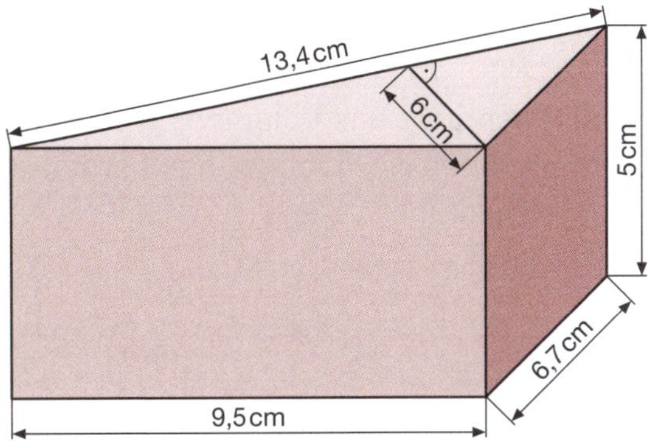

3 Das Vierkantrohr hat eine Wandstärke von 3 mm.

a) Berechne seinen Querschnitt.

b) Wie viel kg wiegt es bei einer Länge von 2,80 m? (Stahl: 7,8 $\frac{g}{cm^3}$)

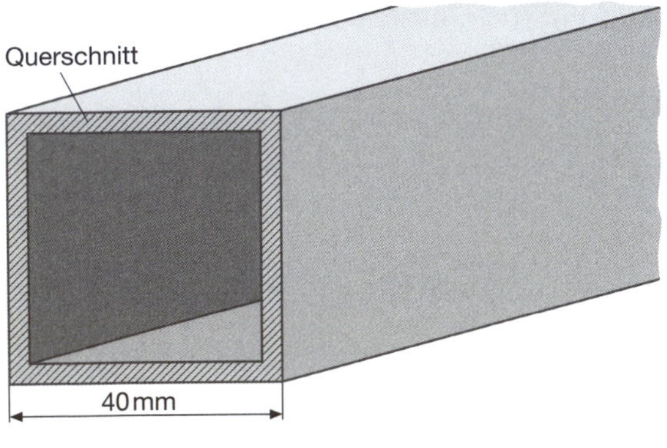

4 Das Schwimmbecken wird randvoll mit Wasser gefüllt. Wie viel m^3 fasst es?

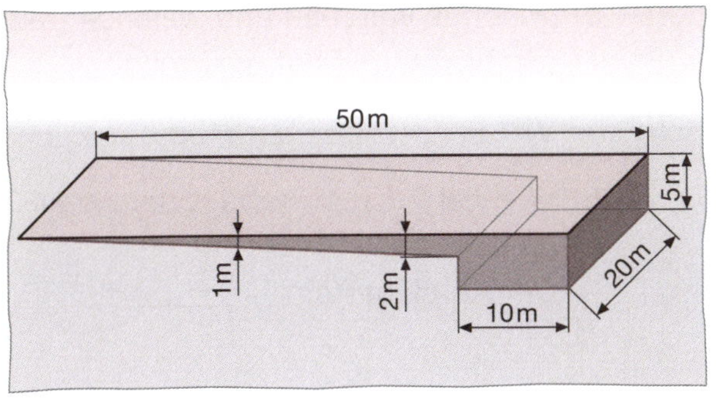

Volumen und Oberfläche von Zylindern

1 Berechne das Volumen der Zylinder.

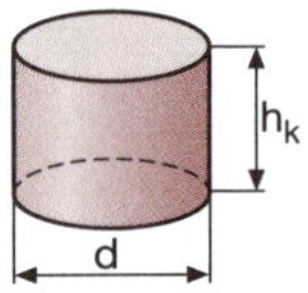

a) $r = 3$ cm; $h_k = 5$ cm

V = ____________

V = ____________

b) $r = 6$ cm; $h_k = 5$ cm

V = ____________

V = ____________

c) $r = 4{,}5$ dm; $h_k = 7{,}4$ cm

V = ____________

V = ____________

2 Berechne die Oberfläche des Zylinders: $d = 12$ cm; $h_k = 7$ cm

$V = \pi r^2 h$
$O = 2G + M$
$A = \pi r^2$
$M = \pi d h$

Grundfläche	Mantel	Oberfläche
G = ____________	M = ____________	O = ____________
G = ____________	M = ____________	O = ____________

3 Ein Maschinenteil wird aus Edelstahl hergestellt.

a) Bestimme das Volumen.

b) Welches Gewicht hat das Formstück?
(Edelstahl: $7{,}8\ \frac{g}{cm^3}$)

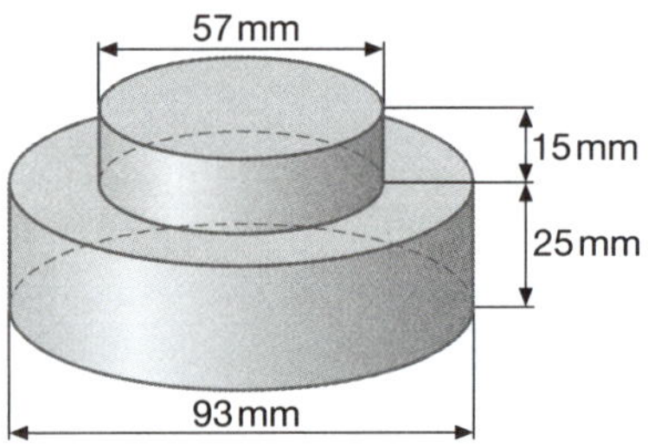

4 Für eine Wanderhütte werden als Eckpfosten 4 Rundhölzer mit dem Durchmesser 0,18 m und der Länge 2,75 m aus Kiefernholz verwendet. Ein m^3 Kiefernholz kostet 124 €. Wie teuer sind die Eckpfosten?

5 Aus einer quadratischen Säule aus Stahl wird auf der Drehbank eine Welle abgedreht.

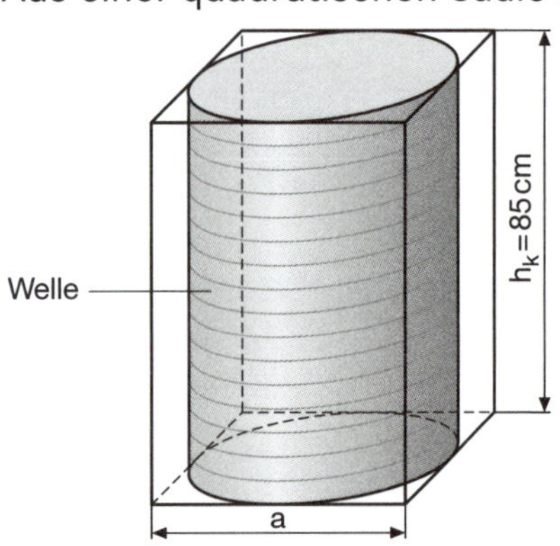

a) Welches Volumen und welches Gewicht (Stahl: $7{,}8\ \frac{g}{cm^3}$) hat die Welle?

V = ____________ G = ____________

b) Wie viel Prozent beträgt der Abfall?

Der Abfall beträgt ________ %.

1

Quadratische Pyramide	Kegel	Kugel

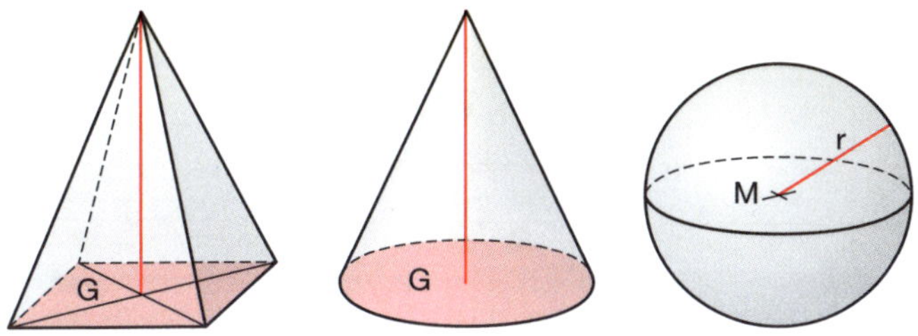

Quadratische Pyramide	Kegel	Kugel
$V = \frac{1}{3} \cdot G \cdot h$	$V = \frac{1}{3} \cdot G \cdot h$	$V = \frac{4}{3} \cdot \pi \cdot r^3$
$O = G + M$		$O = 4 \cdot \pi \cdot r^2$

Berechne das Volumen.

a) Pyramide: $a = 7$ cm; $h_k = 12$ cm

V = ______________________

= ______________________

b) Kegel: $r = 8$ cm; $h_k = 10$ cm

V = ______________________

= ______________________

c) Kugel: $r = 20$ cm

V = ______________________

= ______________________

2 Ein pyramidenförmiger Briefbeschwerer aus Marmor hat eine Grundkante von der Länge 10 cm und eine Höhe von 6 cm. Wie viel Gramm wiegt er? (Marmor: 2,7 $\frac{g}{cm^3}$)

V = ______________________ cm^3 Masse = ______________________ g

= ______________________ dm^3 = ______________________ kg

3 Kristin hat das Netz einer quadratischen Pyramide ausgeschnitten. Wie groß ist die Oberfläche der Pyramide?

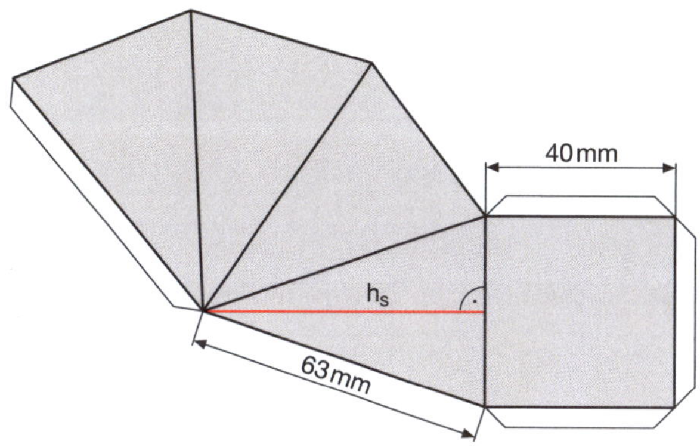

Grundfläche	Mantel	Oberfläche
G = ______________	$M = 4 \cdot \frac{g \cdot h_s}{2}$	O = G + M
______________	______________	______________
______________	______________	______________

4 Ein Freiluftballon hat einen Durchmesser von 13 m.

a) Wie viel m^3 Gas werden für die Füllung benötigt?

b) Wie viel m^2 Plastikgewebe sind für die Herstellung der Hülle erforderlich? Berücksichtige 15 % Verschnitt.

Ansichten und Schrägbilder

1 Welche Ansicht ist dargestellt? Ordne richtig zu: von vorn (v), von hinten (h), von links (l), von rechts (r).

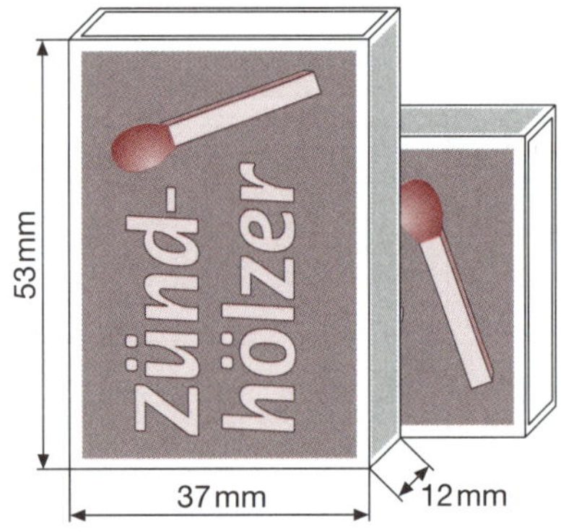

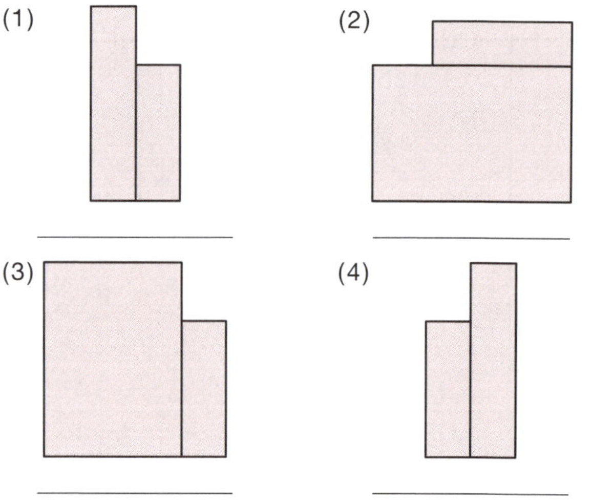

2 Skizziere die Ansicht von vorn und von links.

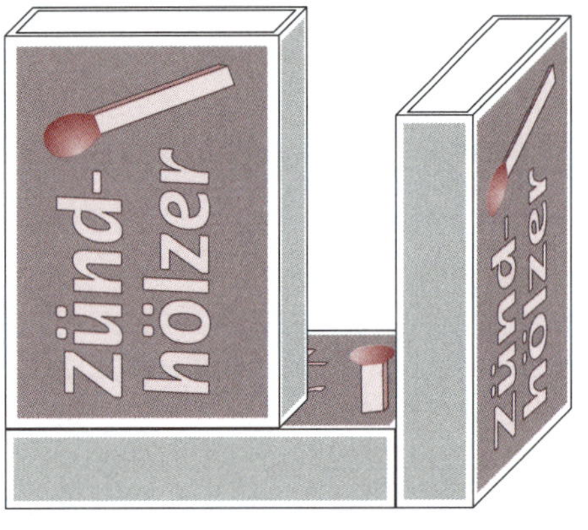

3 Zeichne die Schrägbilder. Beginne mit dem Quader.

a)

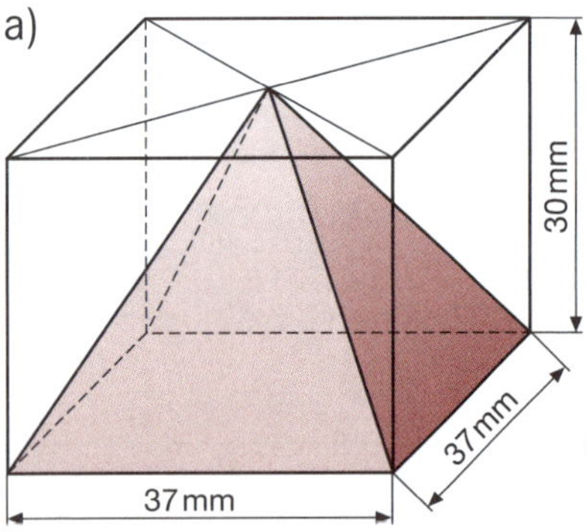

b)

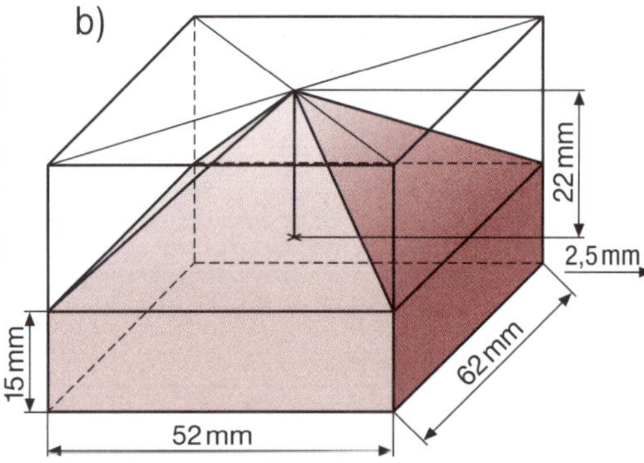

c)

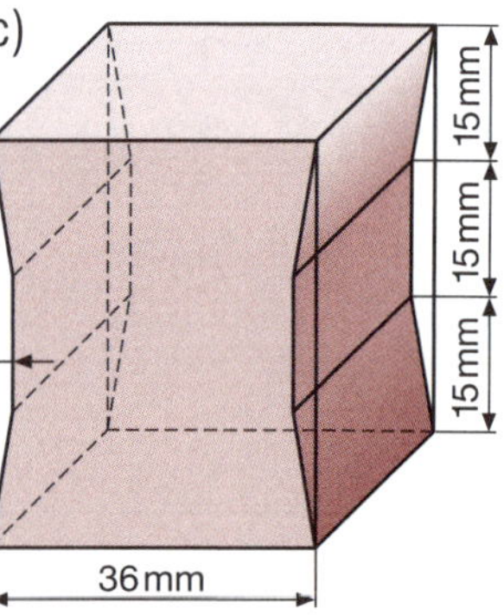

Grundriss, Aufriss, Seitenriss

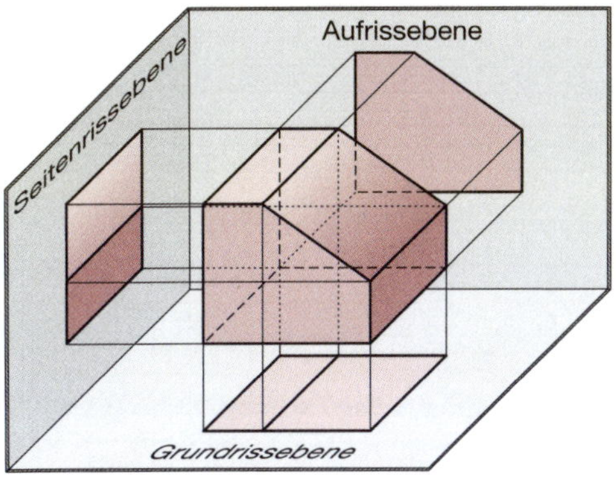

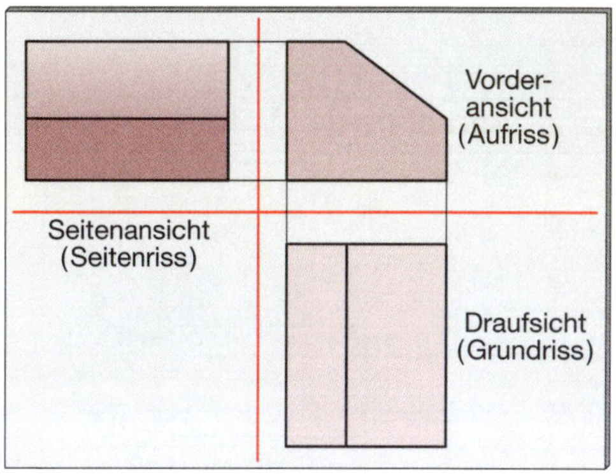

1 Ordne den Schrägbildern die Risse zu. Gib an, um welche Risse es sich handelt.

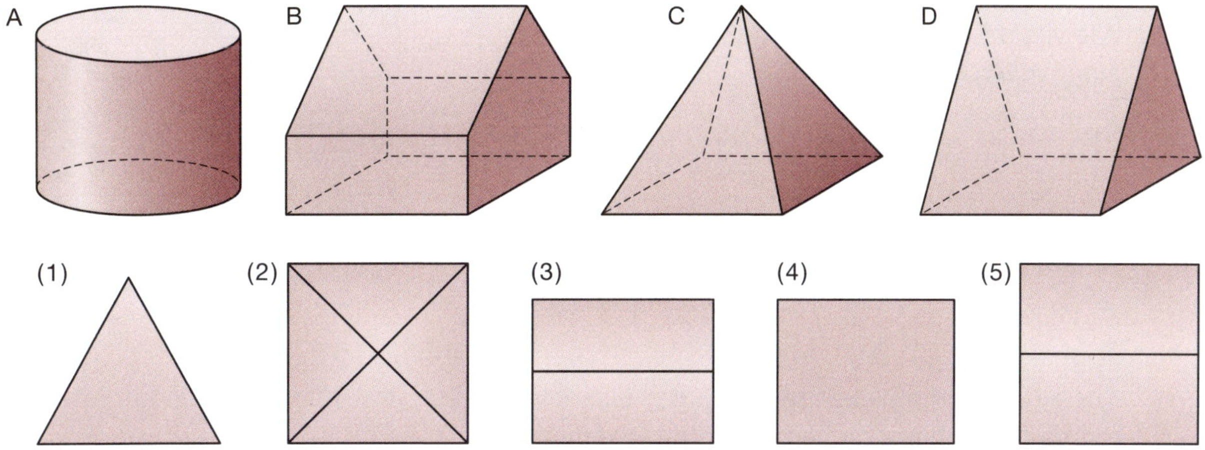

(1) ______________ (2) ______________ (3) ______________

(4) ______________ (5) ______________

2 a) Zeichne den Grundriss und den Aufriss der Körper.

b) Gib den Aufriss eines weiteren Körpers an, der zu dem Grundriss passt.

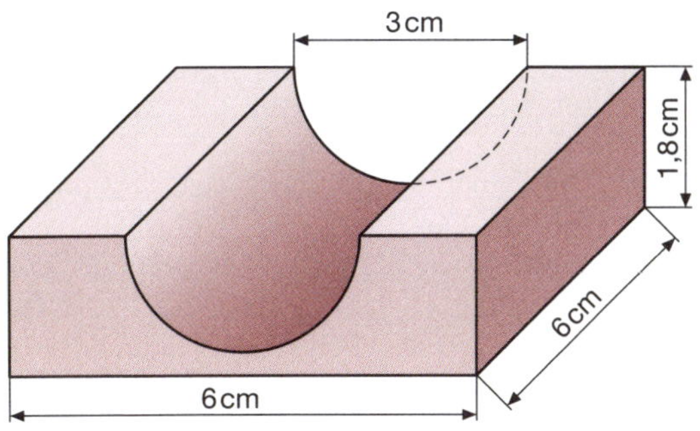

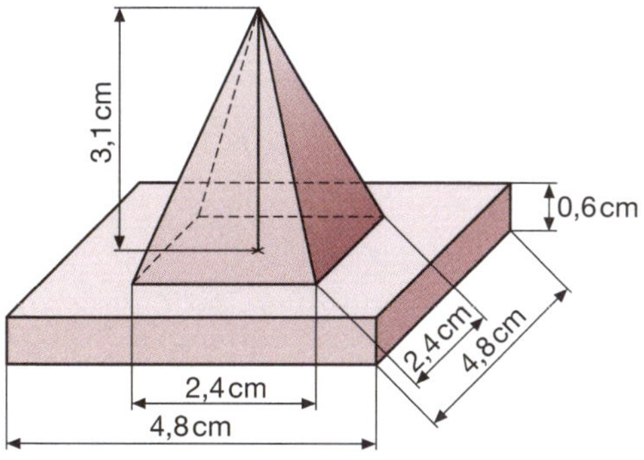

MACH DICH FIT!

Test 1

1 Berechne das Volumen der Körper.

a)

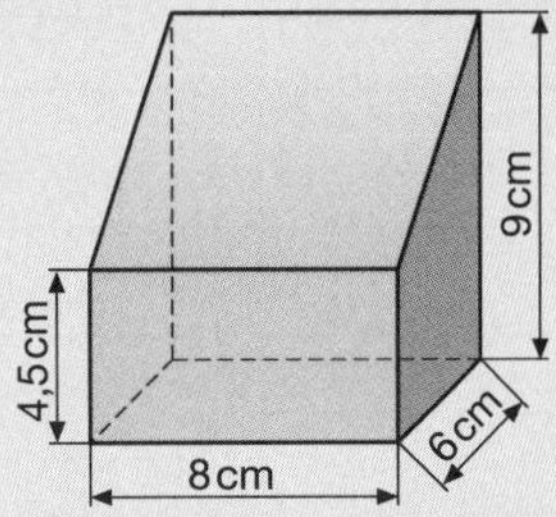

b)

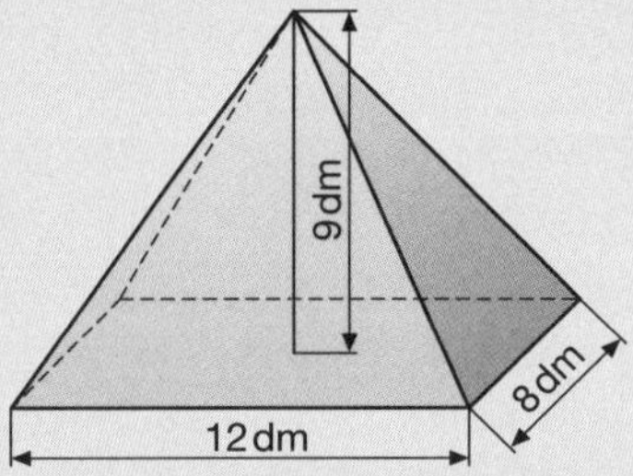

c)

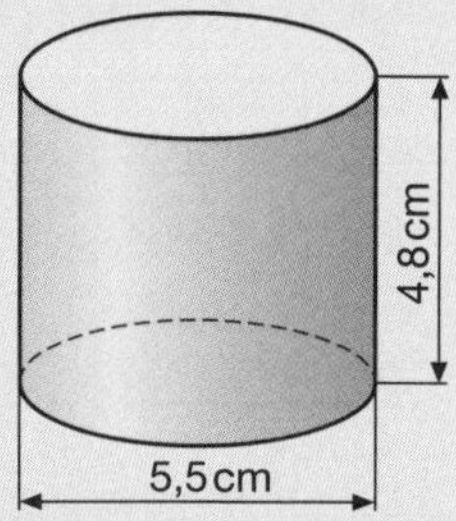

2 Wie viel m^2 überdeckt die Straßenwalze bei einer vollen Umdrehung?

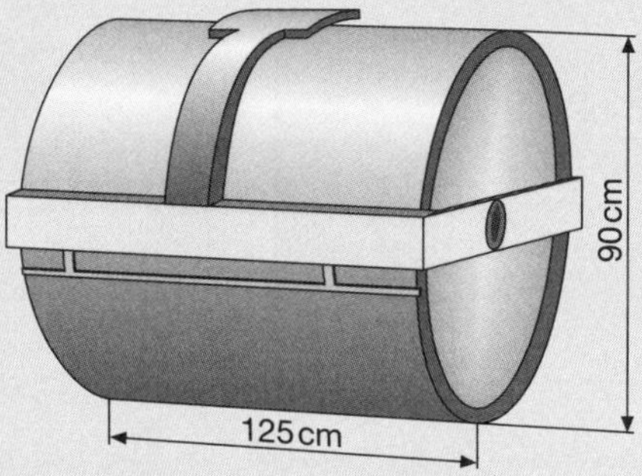

3 Aus einem 3 mm dicken rechteckigen Eisenblech (120 cm x 80 cm) wird in der Mitte ein Kreis mit dem Durchmesser von 25 cm ausgeschnitten.

a) Welches Volumen hat das Werkstück?

b) Wie schwer ist das Werkstück? (Eisen: 7,8 $\frac{g}{cm^3}$)

Test 2

1 Berechne das Volumen der Körper.

a)

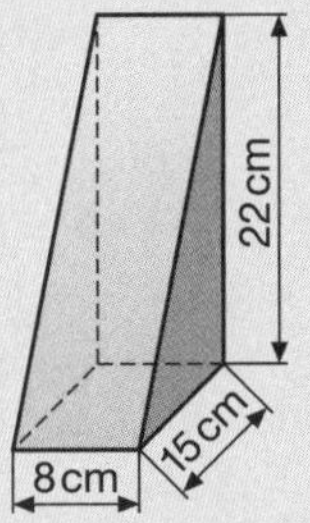

b)

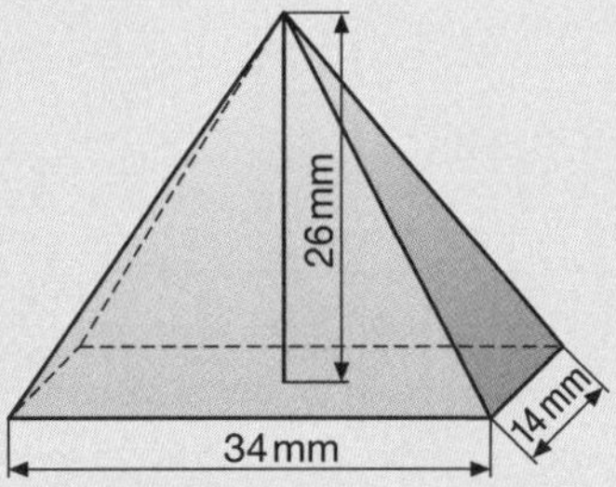

c)

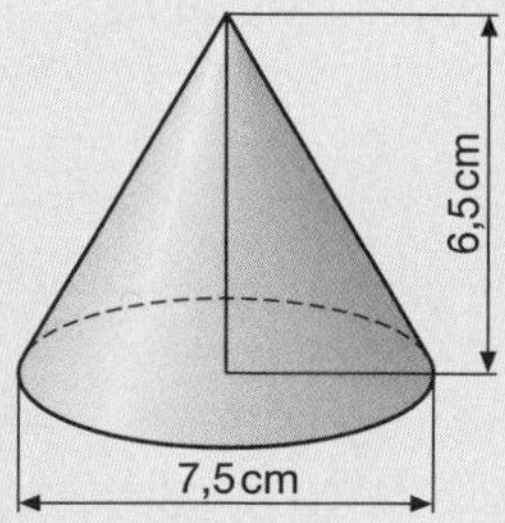

2 Das Dach eines Turmes hat die Form eines Kegels mit dem Durchmesser 7,50 m und der Höhe 9 m. Es wird mit Kupferplatten gedeckt. Wie viel m^2 Kupferplatten sind bei einem Verschnitt von 15 % erforderlich?

3 Aus einem 3 mm dicken kreisförmigen Eisenblech (r = 80 cm) wird in der Mitte ein Quadrat mit der Seitenlänge von 40 cm ausgeschnitten. Wie groß ist die Oberfläche des Werkstücks?

Terme berechnen

1 Vereinfache die Terme.

a) $6x + 4 - 3x + 12 + 15x - 5 =$ ______________________

b) $25 - 10x - 5x + 15 + 30x - 40 =$ ______________________

c) $14x + 6 - 5x + 25 - 9x + x =$ ______________________

d) $45 - 25x + 20x - 15 + 5x - 30 =$ ______________________

e) $32x - 32 - x + 24 - 18x + 8 =$ ______________________

2 Ordne die Terme und fasse zusammen.

$25x - 8y + 16y + 2y - 9x - 11x$
$= 25x - 9x - 11x - 8y + 16y + 2y$
$= 5x + 10y$

a) $65x - 40y + 20x - 15y + 32x + 55x$

= ______________________

= ______________________

b) $-28y - 24x + 20y - 6x + 8y + 4x$

= ______________________

= ______________________

c) $26x - 18y - 8y - 36x + 48y - 22y$

= ______________________

= ______________________

3 Verbinde zusammengehörige Terme mit einem Pfeil.

A	$4x + 8y - 20 + 4y - 6y - 8$	→ b	a	$= -27x + 3y - 10$
B	$52y - 28x + 30 - 49y - 40 + x$		b	$= 4x + 6y - 28$
C	$75 - 60x - 20y - 95 + 13x + 50y$		c	$= 27x - 3y - 20$
D	$28x - x + 12 - 12y - 32 + 9y$		d	$= 4x + 6y + 28$
E	$-60 + 23x + 88 + 7y - 19x - y$		e	$= -47x + 30y - 20$

4

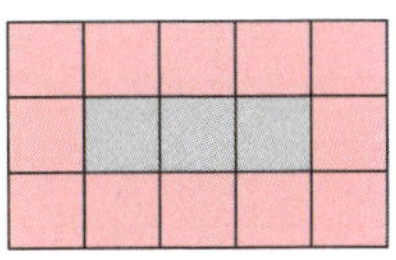

Für 12 rote und 3 graue Kästchen schreiben wir $12r + 3g$.

a) Schreibe ebenso.

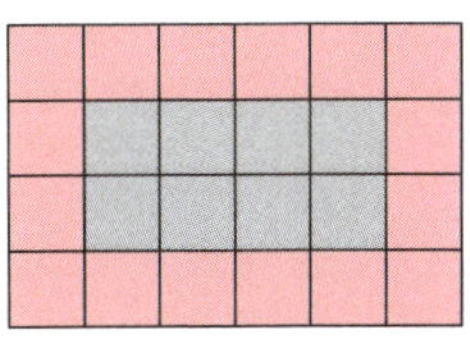

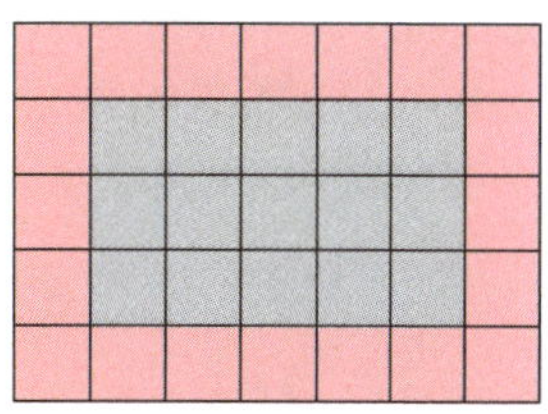

b) Zeichne die nächsten beiden Figuren. Kannst du eine Regel entdecken?

Klammern multiplizieren, Binomische Formel

1 Multipliziere die Klammern.

$4 \cdot (a + b) = 4a + 4b$

a) $3 \cdot (x + y) =$ ______

$6 \cdot (x + a) =$ ______

$5 \cdot (c + y) =$ ______

b) $5 \cdot (x - y) =$ ______

$12 \cdot (x - 5) =$ ______

$15 \cdot (8 - y) =$ ______

c) $(a - b) \cdot 8 =$ ______

$(a - 9) \cdot 7 =$ ______

$(6 - a) \cdot 18 =$ ______

2

$7 \cdot (6 - 5x) = 7 \cdot 6 - 7 \cdot 5x = 42 - 35x$

a) $9 \cdot (8 - 5x)$ = ______

b) $12 \cdot (9 - 4x)$ = ______

c) $15 \cdot (10 + 12y)$ = ______

d) $13 \cdot (5x + 8y)$ = ______

e) $8 \cdot (3x - 6y)$ = ______

f) $18 \cdot (7y - 4x)$ = ______

3 Multipliziere und fasse zusammen. Achte auf die Vorzeichen.

$3 \cdot (2x - 3) - 5 \cdot (4x + 6)$
$= 6x - 9 - 20x - 30$
$= -14x - 39$

a) $5 \cdot (4y - 3) - 5 \cdot (3y - 9)$
= ______
= ______

b) $6 \cdot (5x - 3y) - 2 \cdot (3y + 6x)$
= ______
= ______

4

$(a + 2) \cdot (a - 5) = a^2 - 5a + 2a - 10 = a^2 - 3a - 10$

a) $(a + 3) \cdot (a + 7)$
= ______
= ______

b) $(x - 4) \cdot (5 - x)$
= ______
= ______

c) $(12 + x) \cdot (8 - x)$
= ______
= ______

5

$(a + b)^2 = a^2 + 2ab + b^2$

$(a - b)^2 = a^2 - 2ab + b^2$

a) $(x + y)^2 =$ ______

$(a + 4)^2 =$ ______

$(6 + c)^2 =$ ______

b) $(x - 3)^2 =$ ______

$(5 - b)^2 =$ ______

$(c - 12)^2 =$ ______

6

a) $(4 + 3a)^2 =$ ______

$(9 - 5a)^2 =$ ______

$(8 + 9c)^2 =$ ______

b) $(6x - 4y)^2 =$ ______

$(4x + 5y)^2 =$ ______

$(5y - 8x)^2 =$ ______

7 Ergänze zu einem vollständigen Quadrat.

$x^2 + 6x + \square$
$= x^2 + 2 \cdot 3 \cdot x + \square$
$= x^2 + 2 \cdot 3 \cdot x + 3^2$
$= (x + 3)^2$

a) $x^2 + 8x + \square =$ ______

$x^2 + 10x + \square =$ ______

b) $x^2 - 4x + \square =$ ______

$x^2 - 20x + \square =$ ______

c) $a^2 + 26a + \square =$ ______

$a^2 - 14a + \square =$ ______

d) $a^2 - 18a + \square =$ ______

$a^2 + 32a + \square =$ ______

Lineare Gleichungen

1

Zahl:	x
vermindert um 6:	$x - 6$
multipliziert mit 4:	$4 \cdot (x - 6)$
das Zweifache der Zahl:	$2x$
addiere 6:	$2x + 6$

Gleichung:

$4 \cdot (x - 6) = 2x + 6$ Klammern multiplizieren

$4x - 24 = 2x + 6$

Führe die Rechnung zu Ende und mache die Probe am Text.

2

a) $3x - 80 = 40 - x$ b) $53 - 7x = 143 - 5x$ c) $5x - 96 = 30 - 2x$

3 Löse die Gleichungen.

a) $4x + 28 - 6x = 128 - 7x$
$7x - 100 + 3x = 84 + 2x$

b) $17 - 3x - 6x = 20 - 8x$
$3x - 4x = -49 + 13x - 35$

c) $11 - 9x = 4x + 35 - 11x$
$x + 100 - 3x = 3x - 25$

4 Bestimme x. Multipliziere zuerst die Klammern aus.

a) $6 \cdot (x - 5) = 130 - 2x$

b) $3x - 4 \cdot (x - 7) = x - 4$

c) $4x - 5 \cdot (x - 8) = 16$

5

a) $7 \cdot (20 - x) = 104 - 5x$ b) $4 \cdot (15 - 2x) = 110 - 3x$

c) $8 \cdot (2x - 25) = 10 \cdot (x - 20)$ d) $6 \cdot (30 - 4x) = 10 \cdot (-x + 25)$

Sachaufgaben mit Gleichungen

1

Preis für eine Rose: x €

Preis für eine Lilie: ______________

Preis für 4 Rosen: ______________

Preis für 3 Lilien: ______________

Gleichung: ______________

____

Antwort: Eine Rose kostet ________ €; eine Lilie kostet ________ €.

2 Gina kauft einen Blumenstrauß für 5,90 € mit 6 Tulpen und 5 Freesien. Eine Tulpe kostet 30 Cent weniger als eine Freesie. Wie teuer ist jeweils eine der Blumen?

Preis für eine Freesie ________ €

Preis für eine Tulpe ________ €

____

____

____

____

Antwort: ______________

3 Auf einem Lkw werden 40 große und 80 kleine Kartons verladen. Ein kleiner Karton wiegt 20 kg weniger als ein großer Karton. Die Ladung hat ein Gewicht von 5 t. Wie viel kg wiegt ein großer und ein kleiner Karton?

Antwort: ______________

4 Für die Herstellung einer quadratischen Säule wird ein Metallrahmen aus Winkeleisen hergestellt. Der Materialbedarf ist 8,40 m Winkeleisen.

a) Welche Abmessungen hat der Rahmen?

b) Wie groß ist das Volumen der Säule?

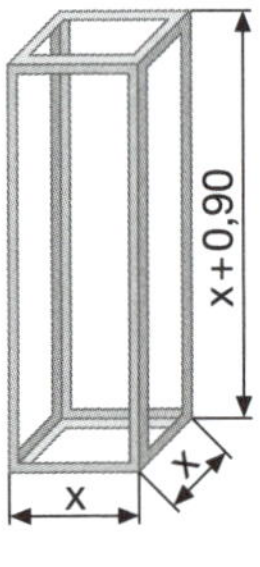

Dichte

1 a) Die drei Körper haben alle die gleiche Höhe. Berechne ihr Volumen.

Dichte = $\frac{\text{Masse}}{\text{Volumen}}$

$\varrho = \frac{m}{V}$

$m = \varrho \cdot V$

$V = \frac{m}{\varrho}$

quadratische Säule aus Eisen

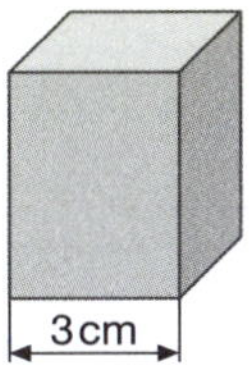

V = ________ cm^3

Zylinder aus Eichenholz

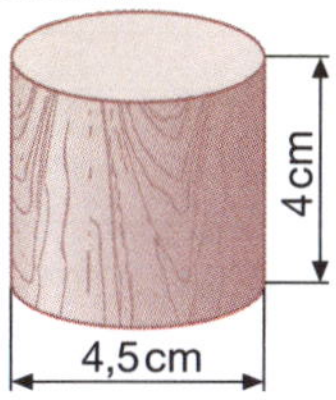

V = ________ cm^3

quadratische Pyramide aus Marmor

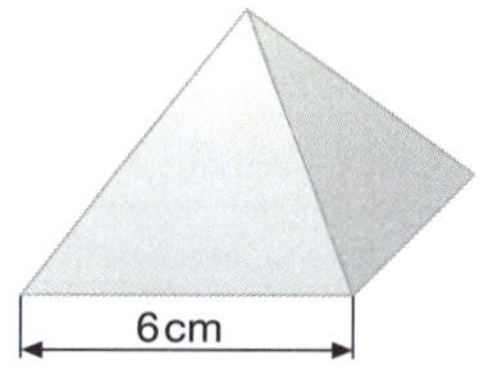

V = ________ cm^3

b) Die Körper haben folgende Massen:

m = 280 g | m = 45 g | m = 130 g

Berechne die Dichte der Stoffe.

ϱ = ________________ ϱ = ________________ ϱ = ________________

2 Wie viel kg wiegt ein Eisenstab?
(Eisen: 7,8 $\frac{g}{cm^3}$)

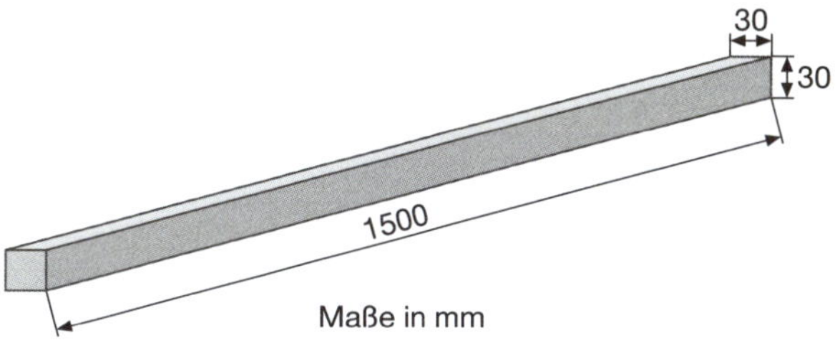

3 Ein Baumstamm aus Fichte (ϱ = 0,54 $\frac{g}{cm^3}$) hat ein Gewicht von 1,8 t. Wie groß ist das Volumen des Baumstamms?

Gegeben: m = 1,8 t = 1800 kg
ϱ = 0,54 $\frac{g}{cm^3}$
Gesucht: V

HEFT **4** In südlichen Ländern wird Salz durch Verdunsten von Meerwasser gewonnen.
a) Der Durchmesser eines Salzkegels beträgt 5,40 m, seine Höhe 1,90 m. Berechne sein Volumen.
b) Bestimme die Masse des Salzkegels. (Salz: ϱ = 2,16 $\frac{g}{cm^3}$)

Geschwindigkeit

1 Berechne die Geschwindigkeit. Fülle die Tabellen aus.

Geschwindigkeit = $\frac{\text{Weg}}{\text{Zeit}}$

$v = \frac{s}{t}$

$s = v \cdot t$

$t = \frac{s}{v}$

	a)	b)	c)	d)
Strecke s	2800 m	720 km	315 km	9000 m
Zeit t	14 min	8 h	3 h 30 min	7 min 30 s
Geschwindigkeit v	$\frac{m}{min}$	$\frac{km}{h}$	$\frac{km}{min}$	$\frac{m}{s}$

2 Fülle die Tabelle aus.

	a)	b)	c)	d)
Strecke s	m	km	504 km	26 400 m
Zeit t	12 min	8 h 15 min	h	min
Geschwindigkeit v	120 $\frac{m}{min}$	750 $\frac{km}{h}$	96 $\frac{km}{h}$	80 $\frac{m}{s}$

3 Ein ICE auf der Fahrt von Köln nach Frankfurt/M.

Unsere Geschwindigkeit beträgt 270 $\frac{km}{h}$.

a) Wandle die Geschwindigkeit in $\frac{km}{min}$, $\frac{m}{min}$ und $\frac{m}{s}$ um.

$270\ \frac{km}{h} = \_\_\_\_\_\_\ \frac{km}{min} = \_\_\_\_\_\_\ \frac{m}{min} = \_\_\_\_\_\_\ \frac{m}{s}$

b) In welcher Zeit legt der Zug eine Strecke von 720 km zurück? ______

4 Ein Rennwagen durchfährt eine 6 km lange Runde auf einer Rennstrecke in 90 s.

a) Wie groß ist seine durchschnittliche Geschwindigkeit in $\frac{km}{s}$ und $\frac{km}{h}$? ______

b) Das Rennen dauerte einschließlich 30 s Boxenstopp 2 h 6 min 20 s. Welche Strecke wurde bei dem Rennen zurückgelegt? ______

Zinsrechnen

1 Sventa hat ihr Girokonto 16 Tage um 480 € überzogen. Die Sparkasse berechnet 16 % Überziehungszinsen. Wie viel Euro Überziehungszinsen werden berechnet?

$Z = \frac{K \cdot p \cdot t}{100 \cdot 360}$

Gegeben:

K = ________ €

p = ________

t = ________

Formel:

$Z = \frac{K \cdot p \cdot t}{100 \cdot 360}$

Einsetzen:

$Z = \frac{\quad \cdot \quad \cdot \quad}{100 \cdot 360}$

Gesucht: Z

Die Überziehungszinsen betragen ________ €.

2 Berechne die Zinsen.

	a)	b)	c)	d)	e)	f)	g)
Kapital	645 €	312 €	635 €	1480 €	443 €	702 €	2500 €
Zinssatz	2,5 %	3,8 %	7,75 %	5,2 %	15 %	14,5 %	8,4 %
Zeit	28 Tage	45 Tage	80 Tage	4 Monate	7 Monate	3 Monate	9 Monate
Zinsen (€)							

3 Berechne mit der Formel.

	a)	b)	c)	d)	e)	f)	g)
Kapital			935 €	1480 €	503 €	812,82 €	250,72 €
Zinssatz	3,5 %	9,8 %			16 %	13,5 %	18,4 %
Zeit	37 Tage	56 Tage	72 Tage	4 Monate			
Zinsen (€)	3,79 €	24,08 €	41,65 €	70,05 €	38,00 €	27,43 €	34,60 €

4 Frau Quante kauft ein Auto für 19 560 €. Ihr altes Auto kann sie mit 6300 € in Zahlung geben. Für den Restpreis schließt sie eine 36-monatige Ratenzahlung zu 3,5 % ab. Für den Ratenvertrag wird eine einmalige Abschlussgebühr in Höhe von 0,8 % fällig.

a) Berechne die Abschlussgebühr.
b) Wie viel Euro Zinsen werden berechnet?
c) Wie hoch ist die monatliche Rate?
d) Wie teuer wird das Auto insgesamt?

5 Für den Ausbau des Dachgeschosses zu einer Wohnung benötigt Familie Hansen 75 000 €. Sie erhält bei zwei Banken folgende Angebote:

1. Angebot
25 000 € zu 6,35 %
50 000 € zu 6,8 %

2. Angebot
30 000 € zu 6,2 %
45 000 € zu 6,9 %

Für welches Angebot entscheidet sich Familie Hansen?

Flächen und Körper

1

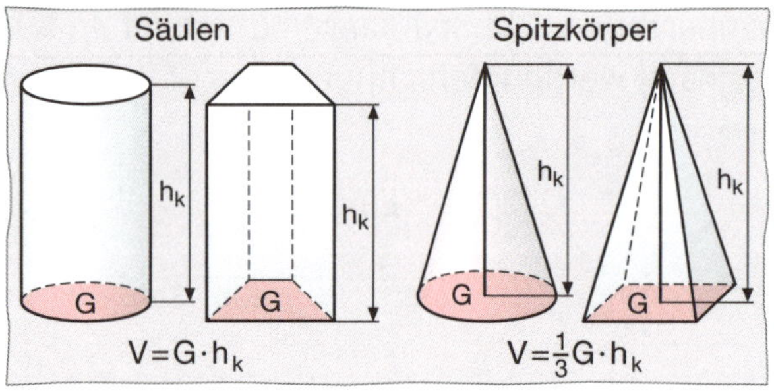

Berechne das Volumen der Körper.

a) quadratische Säule: a = 35 cm; h_k = 120 cm

____

____

b) Walze: d = 6 dm; h_k = 2,45 m

____

c) Kegel: r = 0,72 m; h_k = 1,65 m ______________________________

d) quadratische Pyramide: a = 2,4 m; h_k = 4,25 m ______________________________

2

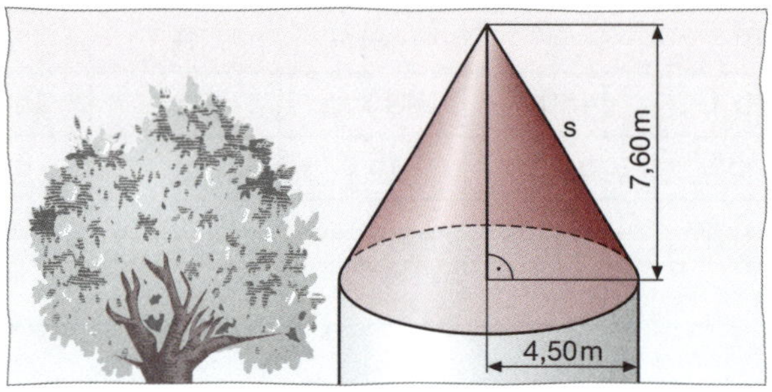

a) Welchen Raum umschließt das kegelförmige Dach? Runde das Ergebnis auf ganze m^3.

b) Welche Länge hat die Seitenkante s?

c) Das Dach soll mit Schieferplatten neu eingedeckt werden. Für die Eindeckung wird mit 12 % Verschnitt gerechnet. Wie viel m^2 Schieferplatten werden benötigt?

d) Für das Eindecken werden für Material und Arbeitslohn 74,80 € pro m^2 für den Aufbau und Abbau des Gerüstes 1200 € berechnet. Wie groß ist der Endpreis einschließlich 16 % Mehrwertsteuer? Bei Zahlung innerhalb von 14 Tagen kann die Gemeinde 2 % Skonto abziehen.

3

Ein Abflussrohr aus gebranntem Ton (Ton: 2,6 $\frac{g}{cm^3}$) hat ein Gewicht von 46,099 kg.

a) Berechne das Volumen des Abflussrohrs.

b) Welchen inneren Durchmesser d_i hat das Rohr?

c) Die innere und äußere Mantelfläche erhalten einen Schutzanstrich. Wie viel m^2 betragen die beiden Mantelflächen?

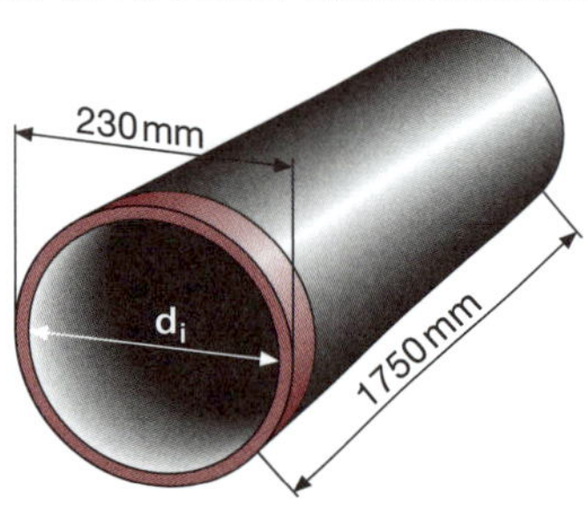

$V = \frac{\text{Masse}}{\text{Dichte}}$; $V =$ __________

$V_{gesamt} = V_{außen} - V_{innen}$

$V_{innen} =$ _______________

$V_{innen} = A_{innen} \cdot h$; $A_{innen} =$ __________

$A_{innen} = \pi \cdot r_i^2$; $r_i^2 =$ __________

$r_i =$ __________ $d_i =$ __________

$M_{außen} =$ _______________

$M_{innen} =$ _______________

MACH DICH FIT!

Test 1

1 Vereinfache die Terme.

a) $25x - 18 + 19x - 32 - 45x + 48 =$ ____

b) $32x - 18y - 18x + 45y - 16x - 18y =$ ____

c) $5 \cdot (x - 9) - 8 \cdot (18 - 2x) + (4x + 3) \cdot 2 =$ ____

2 Löse die Gleichungen und mache die Probe.

a) $16x - 12 = 45 - 3x$ b) $13 \cdot (5 - 2x) = 10x - 43$ c) $2 \cdot (7{,}5 + 14x) = 6 \cdot (x + 8)$

3 Zwölf Karten für Sitzplätze und acht Karten für Stehplätze bei einem Fußballspiel kosten insgesamt 252 €. Ein Stehplatz kostet 6 € weniger als ein Sitzplatz. Wie teuer ist ein Sitzplatz und wie teuer ist ein Stehplatz?

Preis für einen Sitzplatz: x €

Test 2

1 Fülle die Tabelle aus.

	a)	b)	c)
Masse	72 g		990 g
Volumen	48 cm^3	420 cm^3	
Dichte		1,75 $\frac{g}{cm^3}$	2,75 $\frac{g}{cm^3}$

2 Fülle die Tabelle aus.

	a)	b)	c)
Weg	64 km	km	2400 km
Zeit	40 min	28 min	h
Geschwindigkeit	$\frac{km}{min}$	0,7 $\frac{km}{min}$	90 $\frac{km}{h}$

3 Annelie hat ihr Girokonto 15 Tage um 450 € überzogen. Sie muss 3 € Zinsen zahlen. Mit welchem Zinssatz rechnet die Bank?

4 Berechne den Rauminhalt der Körper. Fertige eine Skizze an.

a) Zylinder: d = 1,40 m; k = 2,60 m b) Kegel: r = 90 cm; k = 1,50 m

Addieren und Subtrahieren

1 Berechne im Kopf und trage die Ergebnisse ein.

+	75	550	875	1325
125				
450				
1230				
2360				

−	60	130	215	35
280				
400				
610				
1040				

2

```
     4083          675        43798      673019
+   20977    + 613006    -     4962   -     7924
+  108058    +  89529    -      913   -    42601
+    3416    +   4006    -    12051   -   168922
_________    ________    _________    _________
```

3 a) 9362 + 89 + 4018 + 6127 = ______

8374 + 129 + 12994 + 1203 = ______

64876 + 2994 + 12375 + 79 = ______

6127 + 85 + 14856 + 178 = ______

b) 9777 + 906 + 10418 + 83 = ______

16644 + 968 + 1886 + 9972 = ______

23421 + 17432 + 34 + 40682 = ______

65867 + 21061 + 18 + 6040 = ______

4 a) 8912 − 3407 − 877 − 13 = ______

13206 − 7009 − 3573 − 199 = ______

56005 − 3305 − 13460 − 9240 = ______

82324 − 16812 − 2156 − 8712 = ______

b) 2676 − 1009 − 923 − 584 = ______

12306 − 7003 − 908 − 1473 = ______

45606 − 32984 − 2458 − 578 = ______

58533 − 4762 − 887 − 2512 = ______

5 Ergänze die fehlenden Ziffern.

```
a)   5 8 0 4 2    b)  □ 8 □ 4 □    c)  7 □ 7 9 6 3    d)  8 4 7 6 □ 4
  +    3 6 8 □     +    7 8 4 3     - 2 0 □ 0 9 8      - 3 8 □ 0 9 8
  +      4 7 6     +    4 0 □ 9     -   7 3 □ 4 6      -   9 7 6 4 □
  ___________     ___________     _____________      _____________
     □ □ 2 □ 7        8 □ 5 8 4       □ 3 9 9 □ □        □ □ 5 □ 9 3
```

6 Addiere bzw. subtrahiere im Turm die rechte von der linken Zahl und trage ein.

a) Additionsturm
Die Quersumme der obersten Zahl ist 26.

```
            [     ]
        [     ][     ]
    [     ][     ][     ]
[23608][ 8762][ 2247][  199]
```

b) Subtraktionsturm
Die Quersumme der untersten Zahl ist 16.

```
[86008][12309][ 8306][ 4998]
    [     ][     ][     ]
        [     ][     ]
            [     ]
```

Multiplizieren und Dividieren

1 Berechne im Kopf und trage die Ergebnisse ein.

·	6	9	11	20
19				
25				
120				
250				

:	6	8	12	20
120				
720				
1320				
1560				

2

a) 84 · 37; 39 · 68; 29 · 89

b) 124 · 78; 263 · 12; 483 · 24

c) 867 · 248; 563 · 373; 716 · 438

d) 240 : 15; 1224 : 18; 2821 : 13

e) 2021 : 43; 8062 : 58; 67 876 : 478

3 Berechne zuerst das Zwischenergebnis, rechne dann weiter.

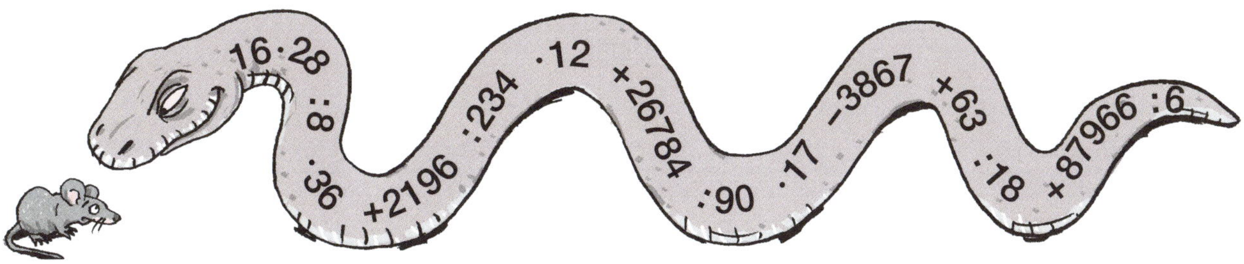

4 Wer genau hinschaut, spart Zeit beim Rechnen.

a)

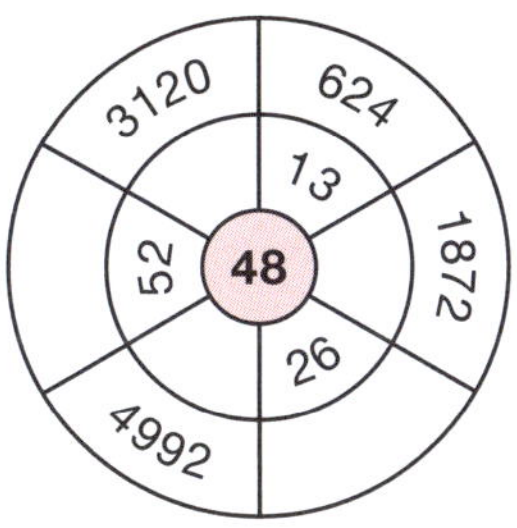

b)

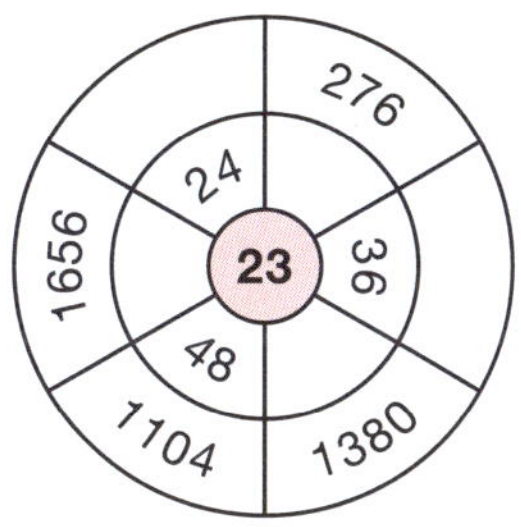

c)

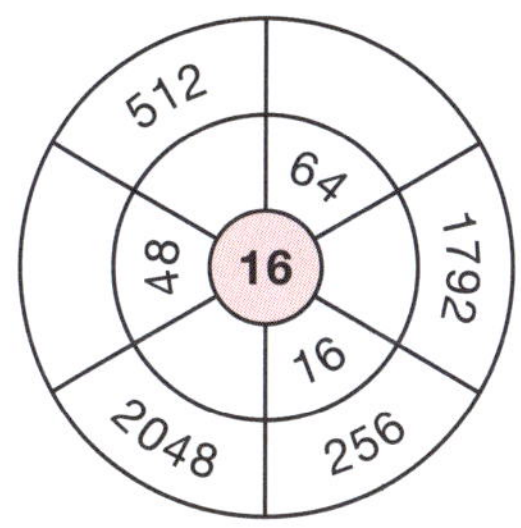

5 Löse das Kreuzzahlrätsel.

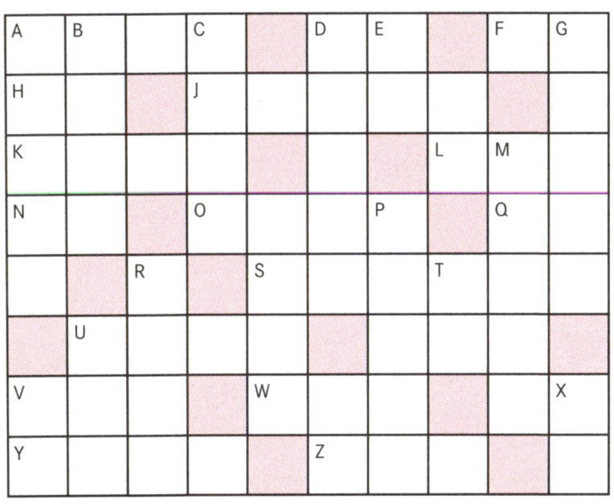

waagerecht

A 308 + 4204
D 1458 : 18
F 9^2
H 3680 : 80
I 53 180 − 34 118
K 823 · 8
L 5376 : 28
N 1729 : 19
O 21 362 − 14 904
Q 4 · 23
S 567 382 − 26 864
U 1029 · 4
V 10^2
W 1296 : 12
Y 55 200 : 6
Z 9742 − 8796

senkrecht

A 604 · 74
B 5880 − 229
C 29 · 74
D 86 336 − 6282
E 8832 : 552
G 40 540 − 24 312
M 100 000 − 891
P 10 098 · 8
R 5 · 1220
T 4752 : 88
U 2412 : 6
V $4^2 + 3$
X 650 : 25

Dezimalbrüche runden, addieren und subtrahieren

1

Komma unter Komma.

a)
```
  3724,78
+  615,9
+ 9214,807
__________
```

b)
```
  8932,704
+  705,13
+ 1289,066
__________
```

c)
```
  64,508
−  9,39
− 12,701
________
```

d)
```
  389,019
−  98,326
− 109,063
_________
```

2 Überschlage zuerst. Rechne im Heft. Streiche falsche Ergebnisse durch.

	Überschlag	Ergebnis		
a) 28,67 + 91,239	30 + 90	120,909	119,909	1119,99
b) 769,8 + 231,152		99,952	1001,052	1000,952
c) 1017,32 − 477,918		539,402	53,9502	53,9302
d) 0,9083 − 0,0974		81,09	0,8109	0,0819

3 Überschlage. Berechne und trage das Ergebnis ein.

+	2,476	28,93	40,074	0,032
0,703				
67,289				
148,2				
0,13				

−	2,94	45,37	13,02	54,37
423,7				
54,38				
124,3				
204,37				

4

a) 34,679 + 234,789 + 34,067 + 456,003 + 23,009 = ______________

b) 89,89 + 453,987 + 2378,9 + 45,06 + 346,083 = ______________

c) 2478,906 − 478,058 − 257,098 − 8,004 − 987,607 = ______________

d) 7964,005 − 4211,987 − 2004,089 − 70,059 − 3,609 = ______________

e) 0,003 + 0,785 + 3,291 + 0,004 + 1,119 = ______________

f) 1,144 − 0,089 − 0,002 − 0,224 − 0,503 = ______________

5

a) Runde auf ganze Euro.

7,31 € ≈ __________

12,64 € ≈ __________

0,49 € ≈ __________

10,51 € ≈ __________

b) Runde auf eine Stelle hinter dem Komma.

2,469 kg ≈ __________

10,748 kg ≈ __________

19,501 kg ≈ __________

0,915 kg ≈ __________

6 Runde auf Hundertstel und verbinde mit der Lösung.

1,696	0,7791	12,3069	0,0098	0,0479	0,597
0,78	1,70	0,05	0,60	12,31	0,01

Dezimalbrüche multiplizieren

1 Um wie viel Stellen musst du das Komma verrücken?

Multipliziere	4,79	13,062	0,004	0,05	1,7
a) mit 10					
b) mit 100					
c) mit 1000					

2 Rechne im Kopf und trage ein.

·	3	7	15	20
0,3				
0,07				
2,5				

·	4	5	20	30
0,5				
0,06				
1,05				

3 a) 36,8 · 4,6 b) 48,09 · 9,31

```
6,34 · 4,3     drei Dezimalstellen
  2536         in der Rechnung
   1902
   1
  27,262       drei Dezimalstellen
               im Ergebnis
```

4 a) 43,09 · 3,46 b) 8,092 · 12,5 c) 2,908 · 2,062

5 Berechne. Setze <, = oder > ein.

a) 6,6001 · 3,2 ☐ 0,66 · 32,001
0,400 · 800,5 ☐ 4,00 · 80,5

b) 7,07 · 0,303 ☐ 0,707 · 30,3
0,501 · 400,1 ☐ 50,1 · 40,01

6 a) 6,57 · 34,2 = ____________
22,301 · 9,02 = ____________
78,03 · 8,004 = ____________
33,54 · 2,086 = ____________

b) 300,04 · 80,8 = ____________
6,094 · 2,56 = ____________
28,126 · 3,83 = ____________
4,005 · 34,879 = ____________

Dezimalbrüche durch eine natürliche Zahl dividieren

1

Nur das Komma verrücken.

Dividiere	348,81	14,76	80,5	0,75	15,07
a) durch 10					
b) durch 100					
c) durch 1000					

2 Rechne im Kopf und trage ein.

:	2	4	10	20
0,2				
0,4				
0,10				
0,08				

:	2	4	8	10
2,4				
9,6				
12,8				
0,04				

3

a) 91,8 : 36 =

b) 79,8 : 24 =

```
4 9, 2 1 : 7 = 7, 0 3
4 9
  0 2 1
    2 1
      0
```

Komma setzen

Null beachten

4

a) 36,18 : 6 =

b) 72,36 : 12 =

c) 98,42 : 14 =

5 Rechne aus. Kreuze das richtige Ergebnis an.

a) 2,34 : 6 =

- ☐ 0,34
- ☐ 0,39
- ☐ 0,36

b) 90,36 : 18 =

- ☐ 5,002
- ☐ 5,2
- ☐ 5,02

6 Gib das Ergebnis an.

a) 5,22 : 9 = ______

18,18 : 18 = ______

b) 442,41 : 35 = ______

66,4 : 16 = ______

c) 2,727 : 9 = ______

0,404 : 8 = ______

Dezimalbrüche dividieren

1 48,6 : 0,6 = 486 : 6 = 81

a) 75 : 0,5 = ______

0,18 : 0,9 = ______

36,18 : 0,6 = ______

b) 7,2 : 0,08 = ______

42,7 : 0,07 = ______

14,4 : 0,12 = ______

2 Achte auf das Komma und die Nullen.

a) 8 1 0 : 0, 9 =   b) 2 8 0 : 0, 8 =   c) 3 5 : 0, 2 5 =

3 Rechne aus. Kreuze das richtige Ergebnis an.

a) 0, 9 6 : 0, 1 6 =
- ☐ 0, 6
- ☐ 6, 0
- ☐ 6

b) 1 2, 6 : 3, 7 5 =
- ☐ 3 3, 6
- ☐ 3, 3 6
- ☐ 3 3 3 6

4 Berechne. Setze <, = oder > ein.

a) 0,72 : 90 ☐ 7,2 : 0,9

0,04 : 80 ☐ 4,00 : 0,008

b) 0,009 : 300 ☐ 9,09 : 0,003

0,54 : 0,009 ☐ 5,4 : 0,09

5 Runde das Ergebnis auf die zweite Stelle nach dem Komma.

a) 3,7 : 0,8 = ______

0,71 : 2,5 = ______

6,86 : 1,6 = ______

b) 0,9 : 0,96 = ______

232,89 : 4,9 = ______

7,8 : 2,04 = ______

c) 7 : 0,021 = ______

27,1 : 0,39 = ______

0,458 : 0,62 = ______

6 Ergänze am Preisschild der Käsesorte den Verkaufspreis oder den Preis je Kilogramm ($\frac{€}{kg}$).

a) Leerdammer light

kg	$\frac{€}{kg}$	€
0,400	13,60	

b) Parmesan

kg	$\frac{€}{kg}$	€
0,250		3,10

c) Camembert

kg	$\frac{€}{kg}$	€
	7,20	1,80

d) Bergkäse

kg	$\frac{€}{kg}$	€
0,360	12,00	

Bruchteile berechnen

1 Immer vier Karten mit gleichem Wert gehören zu einem Quartett. Trage ein.

$\frac{25}{100}$ | $\frac{5}{4}$ | $\frac{1}{4}$ | $\frac{10}{30}$ | $\frac{2}{4}$ | $\frac{2}{6}$ | 0,25 | $\frac{10}{8}$ | $\frac{6}{8}$ | $\frac{4}{10}$ | $\frac{50}{100}$ | $\frac{1}{2}$

$\frac{75}{100}$ | 0,5 | $\frac{1}{3}$ | $\frac{2}{5}$ | 0,4 | $\frac{40}{100}$ | $\frac{25}{20}$ | $\frac{3}{9}$ | $\frac{3}{4}$ | $\frac{5}{20}$ | 1,25 | 0,75

___ = ___ = ___ = ___   ___ = ___ = ___ = ___   ___ = ___ = ___ = ___

___ = ___ = ___ = ___   ___ = ___ = ___ = ___   ___ = ___ = ___ = ___

2 Gib in Minuten an.

a) $\frac{3}{4}$ h = ____ min b) $\frac{1}{12}$ h = ____ min c) $\frac{2}{3}$ h = ____ min d) $\frac{5}{6}$ h = ____ min

3 Berechne die Bruchteile.

> $\frac{2}{3}$ von 660 m — Bruch ($\frac{2}{3}$), Ganzes (660 m)
> Rechne: 660 m : 3 = 220 m
> 220 m · 2 = 440 m — Bruchteil

a) $\frac{4}{5}$ von 120 kg ____________ b) $\frac{3}{4}$ von 2600 m ____________

c) $\frac{7}{8}$ von 96 l ____________ d) $\frac{6}{10}$ von 180 kg ____________

4

Achtung bei der Umkehrung

	a)	b)	c)	d)	e)	f)	g)
Bruchteil	$\frac{3}{5}$	$\frac{2}{7}$	$\frac{5}{6}$	$\frac{2}{3}$	$\frac{5}{12}$	$\frac{6}{13}$	$\frac{3}{4}$
Ganzes	75 €		336 l		144 g		320
Teil		2,50 €		126 kg		144 h	

5

Antwort: ____________________________

Brüche addieren und subtrahieren

1 Erweitere auf den angegebenen Nenner.

a) $\frac{3}{4} = \frac{\quad}{12}$ b) $\frac{2}{3} = \frac{\quad}{15}$ c) $\frac{3}{5} = \frac{\quad}{20}$ d) $\frac{5}{12} = \frac{\quad}{24}$

2 Kürze soweit wie möglich.

a) $\frac{18}{24} =$ ______ b) $\frac{30}{45} =$ ______ c) $\frac{40}{60} =$ ______

3 Berechne. Kürze das Ergebnis, falls möglich.

Gleiche Nenner

$\frac{2}{5} + \frac{1}{5} = \frac{3}{5}$ $\frac{7}{9} - \frac{4}{9} = \frac{3}{9} = \frac{1}{3}$

a) $\frac{1}{6} + \frac{2}{6} =$ ______ b) $\frac{3}{6} + \frac{4}{6} =$ ______ c) $2\frac{5}{8} + \frac{7}{8} =$ ______

$\frac{7}{12} - \frac{5}{12} =$ ______ $\frac{3}{4} - \frac{1}{4} =$ ______ $1\frac{5}{9} - \frac{7}{9} =$ ______

4

Verschiedene Nenner

$\frac{5}{6} + \frac{3}{4} = \frac{10}{12} + \frac{9}{12} = \frac{19}{12} = 1\frac{7}{12}$

a) $\frac{3}{4} + \frac{2}{3} =$ ______ b) $\frac{7}{9} + \frac{3}{10} =$ ______ c) $\frac{7}{9} + \frac{1}{3} =$ ______

$\frac{2}{5} - \frac{1}{4} =$ ______ $\frac{7}{9} - \frac{2}{3} =$ ______ $\frac{9}{10} - \frac{1}{2} =$ ______

5 Addiere.

(Zahlenmauer, unterste Reihe:) $\frac{3}{4}$ | $\frac{5}{12}$ | $\frac{3}{8}$

b) Subtrahiere jeweils den rechten vom linken Bruch.

(Zahlenmauer, oberste Reihe:) $\frac{6}{5}$ | $\frac{8}{15}$ | $\frac{1}{3}$

6 a)

+	$\frac{7}{4}$	$\frac{5}{6}$	$1\frac{1}{2}$
$\frac{1}{4}$			
$\frac{3}{5}$			

b)

−	$\frac{2}{5}$	$\frac{1}{6}$	$\frac{3}{7}$
$\frac{9}{4}$			
$\frac{5}{6}$			

7 Gib das Ergebnis als **gemischte Zahl** an.

a) $9\frac{3}{10} + 6\frac{2}{5} =$ ______ b) $3\frac{5}{6} + 2\frac{5}{8} =$ ______

c) $5\frac{1}{9} - 2\frac{2}{3} =$ ______ d) $9\frac{1}{4} - 5\frac{5}{6} =$ ______

Brüche multiplizieren und dividieren

Bruch mal ganze Zahl

$\frac{3}{7} \cdot 5 = \frac{3 \cdot 5}{7} = \frac{15}{7} = 2\frac{1}{7}$

1

a) $\frac{2}{3} \cdot 5 =$ ________

$\frac{3}{5} \cdot 3 =$ ________

$9 \cdot \frac{6}{7} =$ ________

b) $7 \cdot \frac{9}{14} =$ ________

$\frac{7}{10} \cdot 4 =$ ________

$5 \cdot \frac{6}{15} =$ ________

c) $5 \cdot \frac{8}{20} =$ ________

$\frac{7}{12} \cdot 3 =$ ________

$9 \cdot \frac{2}{3} =$ ________

2

Bruch durch ganze Zahl

Ist der Zähler teilbar?
Dividiere den Zähler.

$\frac{6}{7} : 3 = \frac{2}{7}$

Erweitere so, dass der Zähler teilbar wird.

$\frac{5}{8} : 3 = \quad \frac{15}{24} : 3 = \frac{5}{24}$

a) $\frac{4}{5} : 2 =$ ________

$\frac{5}{8} : 2 =$ ________

$\frac{9}{10} : 3 =$ ________

b) $\frac{9}{12} : 6 =$ ________

$\frac{4}{5} : 12 =$ ________

$\frac{8}{9} : 4 =$ ________

c) $2\frac{1}{3} : 5 =$ ________

$3\frac{1}{5} : 8 =$ ________

$6\frac{3}{4} : 3 =$ ________

3

a) $\frac{5}{6} \cdot \frac{9}{10} =$ ________

$\frac{3}{15} \cdot \frac{5}{6} =$ ________

b) $1\frac{3}{4} \cdot \frac{8}{14} =$ ________

$4\frac{8}{9} \cdot 3\frac{3}{4} =$ ________

Brüche multiplizieren

$\frac{5}{4} \cdot \frac{2}{15} = \frac{{}^{1}\cancel{5} \cdot \cancel{2}^{1}}{{}_{2}\cancel{4} \cdot \cancel{15}_{3}} = \frac{1}{6}$ $\quad \frac{\text{Zähler mal Zähler}}{\text{Nenner mal Nenner}}$

$2\frac{4}{5} \cdot \frac{4}{7} = \frac{{}^{2}\cancel{14} \cdot 4}{5 \cdot \cancel{7}} = \frac{8}{5} = 1\frac{3}{5}$

4 Berechne. Kürze, wenn möglich.

$\frac{3}{4} : \frac{5}{6} =$ ________

$\frac{6}{10} : \frac{12}{15} =$ ________

Durch einen Bruch dividieren
Multipliziere mit dem Kehrbruch.

$\frac{2}{3} : \frac{5}{7} = \frac{2}{3} \cdot \mathbf{\frac{7}{5}} = \frac{2 \cdot 7}{3 \cdot 5} = \frac{14}{15}$

5

a) $\frac{3}{5} : 4 =$ ________

$7 \cdot \frac{3}{8} =$ ________

$\frac{2}{3} \cdot 9 =$ ________

b) $\frac{7}{6} \cdot \frac{9}{10} =$ ________

$\frac{18}{35} : \frac{9}{7} =$ ________

$\frac{3}{4} : \frac{9}{12} =$ ________

Mit Längeneinheiten rechnen

1 Auf der Metallschiene müssen noch drei weitere Bohrungen in gleichen Abständen angebracht werden. Welchen Abstand haben die Bohrungen? Gib in mm an.

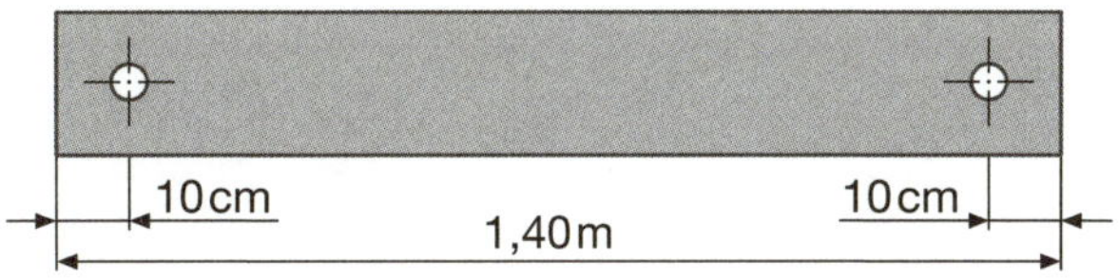

2 Auf einer anderen Schiene von 3,35 m Länge sollen 8 Schraubenlöcher in gleichen Abständen gebohrt werden. Der Abstand des ersten Loches rechts und links vom Rand beträgt 10 cm.

a) Fertige eine Skizze an.

b) Bestimme den Abstand der Bohrungen von Bohrlochmitte zu Bohrlochmitte in cm.

Zeichnung:

Rechnung:

3 Wandle in die angegebenen Einheiten um.

2,05 m = ________ cm = ________ dm

75 dm = ________ m = ________ cm

950 m = ________ km = ________ dm

165 cm = ________ m = ________ dm

> 1 km = 1000 m
> **Umwandlungszahl bei Längen 10**
> 1 m = 10 dm
> 1 dm = 10 cm
> 1 cm = 10 mm

4

a) 84 m = ________ km
9 m = ________ km
23 cm = ________ m
7 cm = ________ m

b) 703 cm = ________ dm
610 mm = ________ dm
4500 m = ________ km
4 m = ________ mm

c) 1,450 km = ________ m
0,560 km = ________ m
0,004 km = ________ m
15,500 km = ________ m

5 Die Teilnehmer einer Oldtimer-Rallye erhalten eine Straßenkarte im Maßstab 1 : 2 000 000 mit markierten Kontrollstellen A bis F. Bestimme die einzelnen Fahrtstrecken und ergänze die Tabelle. Überlege: 1 cm auf der Karte = ________ km in Wirklichkeit.

Entfernung	A → B	B → C	C → D	D → E	E → F
auf der Karte	1,5 cm	1,8 cm	0,8 cm	2,3 cm	2,9 cm
in Wirklichkeit					

Gesamtstrecke: ________________________________

Mit Flächeneinheiten rechnen

1 Wandle in die angegebenen Einheiten um.

$8400\ mm^2$ = ______ cm^2 = ______ dm^2

$775\ dm^2$ = ______ cm^2 = ______ m^2

$14\ dm^2$ = ______ cm^2 = ______ mm^2

$16\,000\ cm^2$ = ______ dm^2 = ______ m^2

Umwandlungszahl bei Flächen: 100

$1\ m^2 = 100\ dm^2$
$1\ dm^2 = 100\ cm^2$
$1\ cm^2 = 100\ mm^2$
$1\ km^2 = 100\ ha$
$1\ ha = 100\ a$
$1\ a = 100\ m^2$

2

a) $10\,000\ m^2$ = ______ a
$125\,000\ mm^2$ = ______ m^2
3,4 ha = ______ a
$7{,}65\ km^2$ = ______ m^2

b) $70\ cm^2$ = ______ dm^2
$600\ mm^2$ = ______ dm^2
$37\,500\ m^2$ = ______ km^2
24,9 ha = ______ km^2

c) $1{,}650\ km^2$ = ______ m^2
$0{,}560\ km^2$ = ______ m^2
0,04 ha = ______ a
15,5 a = ______ m^2

3 Familie Erkan hat eine 4-Zimmerwohnung bezogen. Die Miete beträgt 686 €. Wie hoch ist der Preis für $1\ m^2$?

Größe der Zimmer:

gesamte Wohnfläche:
Preis je m^2:

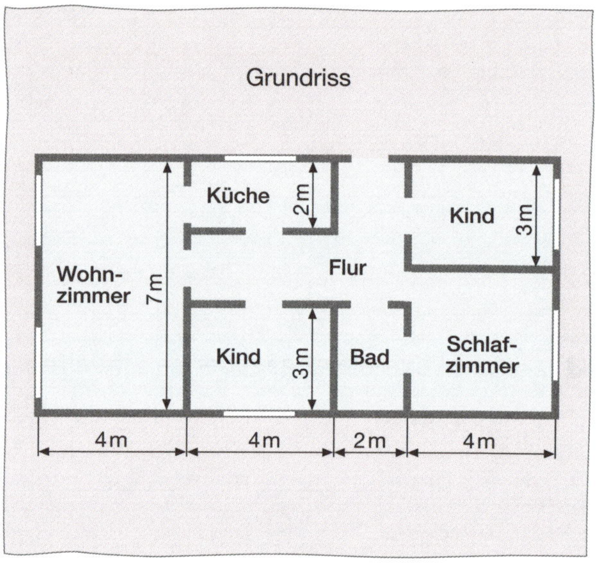

4 Der Hausgiebel soll gegen Kälte isoliert werden. Für $1\ m^2$ Platten werden 28 € kalkuliert. Hinzu kommt die Mehrwertsteuer von 16 %.
Rechne geschickt.

Gesamtfläche:

– Tür:

– Fenster:

Preis Restfläche:

Endpreis:

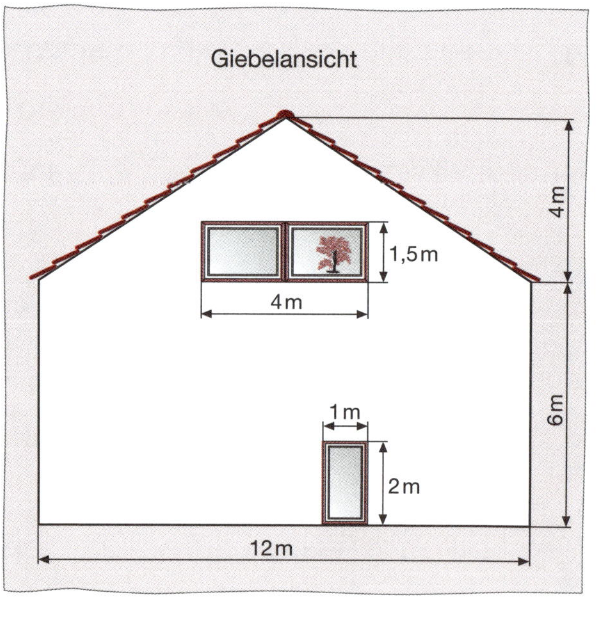

Mit Raumeinheiten und Gewichtseinheiten rechnen

1 Ordne den Gegenständen zu:

2 hl	80 *l*	10 *l*	5 m^3	0,5 *l*	4 *l*

2

65 000 cm^3 = ______ dm^3 = ______ m^3

0,005 m^3 = ______ dm^3 = ______ cm^3

7000 cm^3 = ______ dm^3 = ______ m^3

0,9 dm^3 = ______ cm^3 = ______ mm^3

6,4 m^3 = ______ dm^3 = ______ cm^3

Umwandlungszahl bei Rauminhalten: 1000

1 m^3 = 1000 dm^3

1 dm^3 = 1000 cm^3

1 cm^3 = 1000 mm^3

1 *l* = 1 dm^3 1 *l* = 1000 ml 1 hl = 100 *l*

3 Was gehört zusammen? Verbinde.

4 *l*	4 hl	5 *l*	4 m^3	0,5 *l*
4000 dm^3	4 dm^3	500 ml	400 *l*	5 000 000 mm^3

4 Von welchem Gewicht je Person geht man bei diesem Aufzug aus: 6 Personen oder 0,54 t?

5

a) 3,5 t = ____ kg

4500 g = ____ kg

700 kg = ____ t

80 kg = ____ t

0,004 t = ____ kg

b) 35 kg = ____ g

6000 g = ____ kg

0,350 kg = ____ g

0,3 kg = ____ mg

1,550 kg = ____ g

Umwandlungszahl bei Massen (Gewichte): 1000

1 t = 1000 kg

1 kg = 1000 g

1 g = 1000 mg

HEFT **6** Berechne das Gewicht der Gegenstände in kg.

Masse (Gewicht) = Volumen · Dichte

	Stahlwelle	Silberdraht	Eisenbolzen	Bleilot
Dichte ($\frac{g}{cm^3}$)	7,8	10,5	7,8	11,3
Volumen	1,6 dm^3	180 cm^3	4,2 dm^3	46 cm^3
Gewicht (kg)				

Mit Zeiteinheiten und Geschwindigkeiten rechnen

1 Familie Nowak möchte mit dem Auto von Köln nach Hannover fahren. Sie schauen sich im Internet unter „Routenplanung“ die Fahrstrecke, Fahrzeit und Entfernungen an.

Nr.	Knoten	Richtung	km	km gesamt	Zeit
0	Köln				
1	Köln-Heumar auf A4	Leverkusen	7,4	7,4	00:08
2	Köln-Ost auf A3	Leverkusen	2,6	10,0	00:02
3	Leverkusen auf A1	Wuppertal	11	21	00:06
4	Kamener Kreuz auf A2	Hannover	87	108	00:44
5	Hannover-Langenhagen auf L 190	Hannover	185	293	00:46
6	Hannover Abfahrt		7	300	00:14

a) Sie starten um 18.20. Um wie viel Uhr sind sie

in Köln-Ost: ________ Uhr; am Kamener Kreuz: ________ Uhr; in Hannover: ________ Uhr

b) Nach dem Zeitplan sind sie mit einer Geschwindigkeit von durchschnittlich ________ $\frac{km}{h}$ unterwegs.

2 Fülle die offenen Felder aus.
Tagesplan von Versicherungsvertreter Henseler

	Frau Rose	Herr Schmidt	Herr Ates	Frau Möller	Herr Özdemir
Abfahrt	9.30	11.05	13.55	15.45	19.00
Ankunft	10.07		14.38		20.05
Fahrtdauer		1 h 13 min		24 min	
Besprechungszeit	45 min	1 h 2 min	52 min	91 min	1 h 20 min
Uhrzeit					

3
40 min = ________ s = ________ h

6 min = ________ s = ________ h

15 min = ________ s = ________ h

Zeitspannen
1 h = 60 min 1 min = 60 s
1 Tag = 24 h

4 a) 90 s = ________ min b) 4 h 12 min = ________ min c) $2\frac{1}{2}$ Tage = ________ min

3 h = ________ s 1 h 5 min = ________ s $3\frac{1}{3}$ h = ________ min

	Fahrzeit	Fahrstrecke	Geschwindigkeit in $\frac{km}{h}$
Frau Kurth	12 min	28 km	
Herr Meister	150 min	260 km	

Geschwindigkeit
50 km in 1 h = 50 $\frac{km}{h}$

5 a) 120 $\frac{km}{h}$ = ________ $\frac{m}{h}$ = ________ $\frac{m}{min}$ = ________ $\frac{m}{s}$

b) 30 $\frac{km}{h}$ = ________ $\frac{m}{h}$ = ________ $\frac{m}{min}$ = ________ $\frac{m}{s}$

c) 80 $\frac{km}{h}$ = ________ $\frac{m}{h}$ = ________ $\frac{m}{min}$ = ________ $\frac{m}{s}$

Abstand halber Tacho

Mit rationalen Zahlen rechnen

1 Berechne den neuen Kontostand.

	alter Kontostand	475,00−
28. 7.	Rückerstattung	250,00+
	Überweisung Radio-Ates	735,00−
	Tanken	59,50−
	Gehalt	1767,50+
	neuer Kontostand	

2 Schreibe ohne Klammer und berechne.

a) (− 16) + (− 14) = ______
(+25) + (− 19) = ______
(+ 17) + (−40) = ______

b) (−4,5) + (−5,5) = ______
(+2,6) + (−4,6) = ______
(+3,8) + (−5,9) = ______

Addieren Denke an Guthaben und Schulden.
(+6) + (−9) = 6 − 9 = −3
(− 12) + (−7) = − 12 − 7 = − 19

c) + 12 + (−30) = ______
−36 + (−80) = ______
−60 + (− 15) = ______

d) + 1,2 + (−3,7) = ______
−8,4 + (− 10,2) = ______
− 15,2 + (−9,8) = ______

c) −7,5 + (−2,9) = ______
+ 16,8 + (−4,2) = ______
− 14,9 + (− 11,2) = ______

3 Verwende die verkürzte Schreibweise.

a) (− 14) − (+ 18) = ______
(−6) − (−9) = ______
(+8) − (+ 14) = ______

b) (−38) − (+29) = ______
+ 12,6 − (+34,6) = ______
+7,4 − (− 13,2) = ______

Subtrahieren
(+8) − (+ 11) = 8 − 11 = −3
(−5) − (+7) = −5 − 7 = − 12
(−7) − (−9) = −7 + 9 = +2

4

·	+6	−4,5	+ 12	−6,2	−2,8
−4					
+5,4					
− 1,5					
+0,6					

Multiplizieren
Minus mal minus gleich plus ...
(−5) · (−6) = +30
Minus mal plus gleich minus ...
(−4) · (+3) = − 12

5

a) (−81) : 9 = ______
(−36) : (−6) = ______
(+35) : (−7) = ______
(− 180) : (−30) = ______

b) (−7,2) : 8 = ______
(− 12,5) : (−2,5) = ______
(− 1,8) : (+0,6) = ______
+7,5 : (−0,5) = ______

Dividieren
Minus durch minus gleich plus ...
(− 12) : (−4) = +3
Minus durch plus gleich minus ...
(− 12) : (+3) = −4

6

Punktrechnung vor Strichrechnung

a) −2,8 · (−7,6) − 18,5 + (−3,7)
− 19,75 : 0,25 + 25,6 · 0,4
9,2 − (− 16,8) − (+ 12,6) : (−0,6)

b) 3,5 · (−6,3) − 0,35 : (−0,7)
−7,2 : (−8) + 7,1 + 0,4 · 5,5
(− 1,8) · 4 + (− 1,4) · (−3,5) − 9,1

Mit Potenzen rechnen

1 Ergänze die Zehnerpotenzen.

Zehn $= 10^1$

Hundert $= 10 \cdot 10 = 10^2$

Tausend = ______ = ______

Million = ______ = ______

Milliarde = ______ = ______

Billion = ______ = ______

2 Schreibe ohne Potenzen.

a) $6 \cdot 10^3 =$ ______ b) $4{,}2 \cdot 10^6 =$ ______ c) $6{,}08 \cdot 10^5 =$ ______

3 Schreibe mit Zehnerpotenzen.

a) 4,5 Millionen = ______ b) 8,1 Milliarden = ______

c) 5,2 Billionen = ______ d) 3,45 Millionen = ______

4 Ergänze die fehlenden Angaben.

a) 1 Lichtjahr: $9{,}46 \cdot 10^{12}$ km = ______ km

b) Gehirn: 10^{11} Zellen = ______ Zellen

c) Entfernung Erde → Sonne: ______ km = 149 000 000 km

d) Entfernung Erde → Mond: ______ km = 383 000 km

5 a) Dicke eines Haares: 10^{-12} mm = ______ mm

b) Länge eines Bakteriums: $2 \cdot 10^{-6}$ mm = ______ mm

c) Länge eines Blutkörperchens: ______ mm = 0,0072 mm

6 a) $4^3 = 4 \cdot 4 \cdot 4 = 64$

$3^4 =$ ______

$1{,}2^2 =$ ______

b) $2^5 =$ ______

$6^3 =$ ______

$2{,}5^4 =$ ______

$3^5 = 3 \cdot 3 \cdot 3 \cdot 3 \cdot 3 = 243$

$2^{-4} = \frac{1}{2^4} = \frac{1}{2 \cdot 2 \cdot 2 \cdot 2} = \frac{1}{16}$

7 a) $5^{-2} = \frac{1}{5^2} = \text{—}$ ______ b) $2^{-5} =$ ______ c) $10^{-3} =$ ______

8 Schreibe als Potenz.

a) $25 = 5 \cdot 5 = 5^2$ b) 125 = ______ c) 9 = ______

d) 16 = ______ e) 16 = ______ f) 27 = ______

g) 64 = ______ h) 64 = ______

9 Schreibe als Potenz mit negativer Hochzahl.

a) $\frac{1}{25} = \frac{1}{5^2} = 5^{-2}$ b) $\frac{1}{1000} =$ ______

c) $\frac{1}{125} =$ ______ d) $\frac{1}{81} =$ ______

Mit Wurzeln rechnen

Quadrieren

$6^2 = 6 \cdot 6 = 36$

Quadratwurzelziehen

$\sqrt{36} = 6$, denn $6 \cdot 6 = 36$

1 Berechne die Quadratwurzel.

a) $\sqrt{100}$ = ____; denn ____ · ____ = ____

$\sqrt{144}$ = ____; denn ____ · ____ = ____

$\sqrt{196}$ = ____; denn ____ · ____ = ____

b) $\sqrt{81}$ = ____; denn ____ · ____ = ____

$\sqrt{49}$ = ____; denn ____ · ____ = ____

$\sqrt{225}$ = ____; denn ____ · ____ = ____

2 a) $\sqrt{1600}$ = ____; denn ____ · ____ = ____

$\sqrt{0{,}25}$ = ____; denn ____ · ____ = ____

$\sqrt{6{,}25}$ = ____; denn ____ · ____ = ____

b) $\sqrt{4900}$ = ____; denn ____ · ____ = ____

$\sqrt{0{,}36}$ = ____; denn ____ · ____ = ____

$\sqrt{12{,}25}$ = ____; denn ____ · ____ = ____

3 In einem neuen Industriegebiet werden quadratische Grundstücke abgesteckt. Berechne die Seitenlängen a der Grundstücke mit dem Flächeninhalt A.

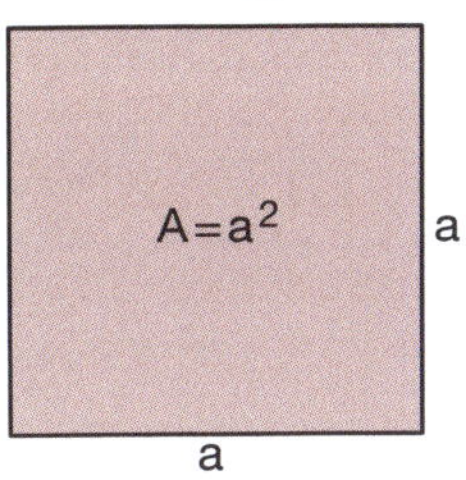

$A = a^2$

$a = \sqrt{A}$

a) Grundstück 1
$A = 400\ m^2$
a = ________

b) Grundstück 2
$A = 900\ m^2$
a = ________

c) Grundstück 3
$A = 625\ m^2$
a = ________

d) Grundstück 4
$A = 1225\ m^2$
a = ________

e) Grundstück 5
$A = 2500\ m^2$
a = ________

f) Grundstück 6
$A = 3600\ m^2$
a = ________

4 Berechne jeweils den Radius der Kreisflächen.

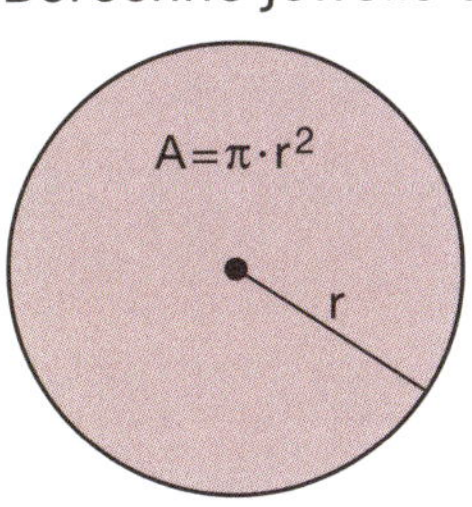

$A = \pi \cdot r^2$

$r = \sqrt{\frac{A}{\pi}}$

$\pi = 3{,}14$

a) Rundes Wasserbecken
$A = 28{,}26\ m^2$
r = ________

b) Riesenrad
$A = 50{,}24\ m^2$
r = ________

c) Rundmosaik
$A = 7{,}065\ m^2$
r = ________

d) Rundes Kirchenfenster
$A = 19{,}625\ m^2$
r = ________

5 Berechne die Kantenlänge a des Würfels.

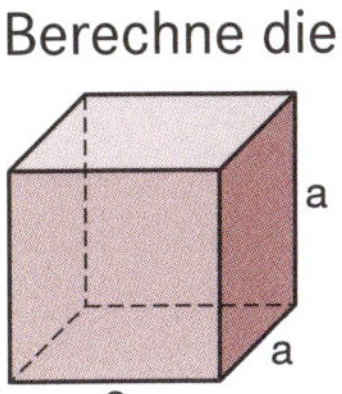

$V = 27\ cm^3$
$\sqrt[3]{27} = 3$, denn $3 \cdot 3 \cdot 3 = 27$
$a = 3\ cm$

a) $V = 64\ cm^3$
____
____

b) $V = 125\ cm^3$
____
____

c) $V = 512\ cm^3$
____
____

Spielereien mit Zahlen

1 Gesetzmäßigkeiten finden.
Die Zahlenfolgen sind nach einer festen Regel gebildet. Finde die Regel und setze sie fort.

Beispiel: 4 8 5 10 7 14 11 22 **19** **38**

$\cdot 2$ -3 $\cdot 2$ -3 $\cdot 2$ -3 $\cdot 2$ -3 $\cdot 2$

a)	5	10	6	12	8	16	12	24	20	____	____
b)	1	6	4	9	7	12	10	15	13	____	____
c)	3	4	6	9	13	18	24	31	39	____	____
d)	100	99	97	94	90	85	79	72	64	____	____
e)	1	-2	4	-8	16	-32	64	-128	256	____	____
f)	3	6	10	5	8	12	7	10	14	____	____
g)	400	200	-200	-160	-80	80	120	60	-60	____	____

2 Setze das Zahlenmuster um 4 weitere Zahlen fort.

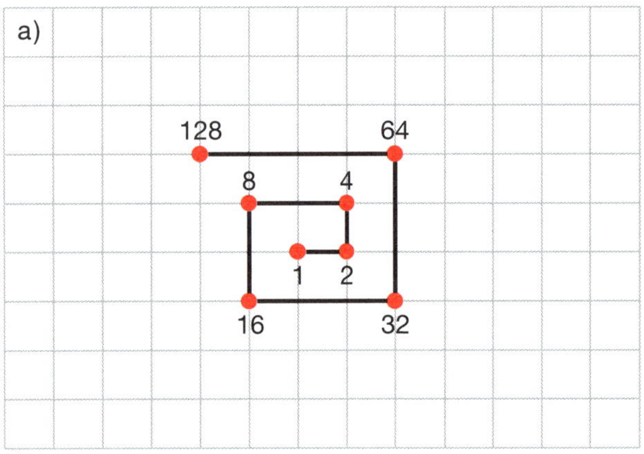

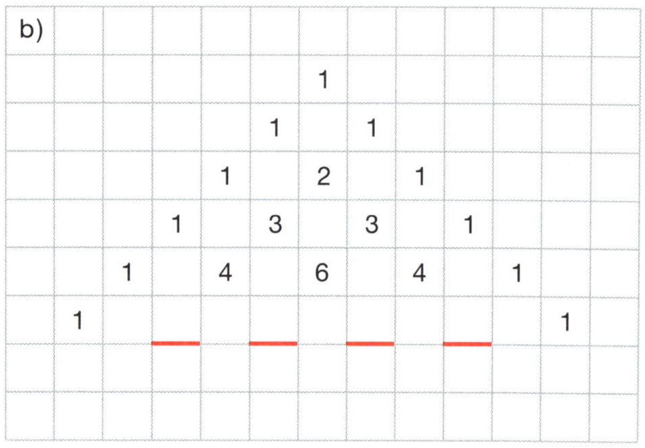

3 a) Addiert man zu einer Zahl die Hälfte dieser Zahl, so erhält man 90.

Die Zahl heißt ________.

b) Subtrahiert man von einer Zahl ein Viertel der Zahl, so erhält man 48.

Die Zahl heißt ________.

c) Das Fünffache einer Zahl vermindert um 8 ist genauso groß wie das Dreifache der Zahl vermehrt um 4.

Die Zahl heißt ________.

d) Multipliziere die gesuchte Zahl mit 5 und addiere 2. Du erhältst das Dreifache der Zahl vermehrt um 12.

Die Zahl heißt ________.

e) Das Neunfache einer Zahl vermindert um 13 ist genauso groß wie das Doppelte der Zahl vermehrt um 1.

Die Zahl heißt ________.

Spielereien mit Zahlen

1 a) Bestimme die Anzahl der Kästchen für die schraffierten Flächen des Rechteckmusters. Gehe von innen nach außen.

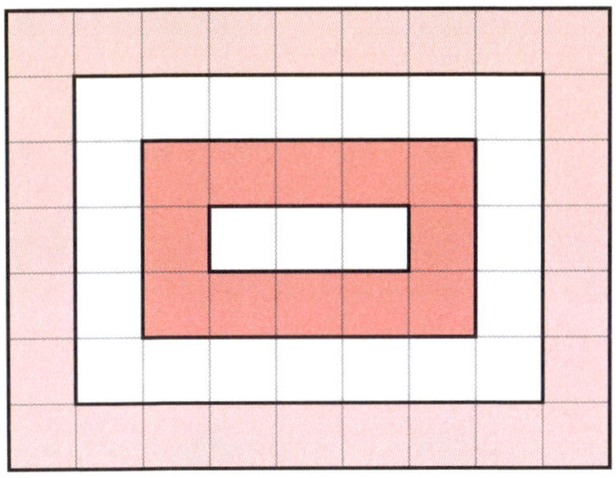

b) Wie viele Kästchen haben die nächsten 4 Ränder? Es gibt eine Gesetzmäßigkeit.

2

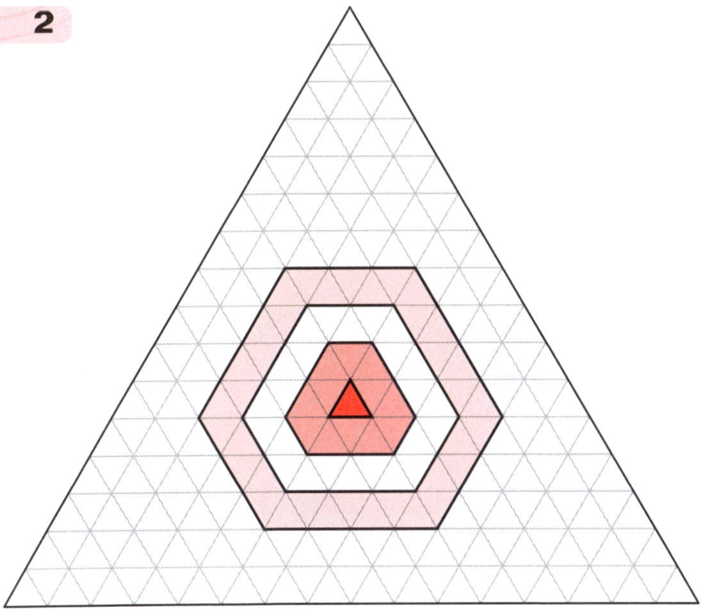

a) Um ein gleichseitiges Dreieck wurden Randstreifen gelegt. Bestimme die Anzahl der Dreiecke für die schraffierten Flächen. Gehe von innen nach außen.

b) Welche Gesetzmäßigkeiten erkennst du? Wende sie an für die nächsten 2 Ränder und kontrolliere anhand der Zeichnung.

3 Bilde aus drei verschiedenen Ziffern die größte und die kleinste dreistellige Zahl. Subtrahiere von der größten Zahl die kleinste Zahl. Verfahre mit den Ziffern der Ergebniszahl ebenso.
Beispiel: Ziffern 1, 2, 3

$$\begin{array}{r} 3\,2\,1 \\ -\,1\,2\,3 \\ \hline 1\,9\,8 \end{array} \qquad \begin{array}{r} 9\,8\,1 \\ -\,1\,8\,9 \\ \hline 7\,9\,2 \end{array} \qquad \begin{array}{r} 9\,7\,2 \\ -\,2\,7\,9 \\ \hline 6\,9\,3 \end{array}$$

a) Setze das Verfahren fort, bis du eine Gesetzmäßigkeit feststellst.
b) Wähle drei andere unterschiedliche Ziffern und wende auf sie das Verfahren an. Was stellst du fest?

c) Wähle nochmals drei andere unterschiedliche Ziffern und rechne. Was stellst du fest? Begründe deine Vermutung.

Lösungen

S. 1

1. $30\ m^2$ 2. 24 h 3. 18 h 4. 9 Tage 5. 928 €

S. 2

1. a) 0,99 €
   b) 5 Packungen
2. a) 12 Monate
   b) 3 Bagger
3. 36 Stunden
4. 320 Fliesen
5. $249\ \frac{km}{h}$

S. 3

6. 20 Schüler brauchen 1 h 48 min.
7. a) 483 €
   b) $79\ m^2$
8. 28 Tage
9. 2 Tage früher
10. Genau 2 Stunden früher.

S. 4

1. 360 Motoren 2. 111 600 Flaschen 3. 12 Tage

S. 5

1. a) Tarif 1

gefahrene km	0	10	50	100	150	200	350
Preis €	50	54	70	90	110	130	190

Tarif 2

gefahrene km	0	10	50	100	150	200	350
Preis €	80	83	95	110	125	140	185

Für 200 km ist Tarif 1 billiger.

c) Ab 301 km ist Tarif 2 billiger.

2. a) Tagestarif (eigenes) Netz

Minuten	0	10	20	30	50	100
Preis €	5,00	8,90	12,80	16,70	24,50	44,00

Abendtarif (eigenes Netz)

Minuten	0	10	20	30	50	100
Preis €	5,00	6,90	8,80	10,70	14,50	24,00

c) 30 min: 6,00 € Ersparnis; 100 min: 20,00 € Ersparnis.

d) Tagestarif (fremdes Netz)

Minuten	0	10	20	30	50	100
Preis €	5,00	12,90	20,80	28,70	44,50	84,00

Abendtarif (fremdes Netz)

Minuten	0	10	20	30	50	100
Preis €	5,00	8,90	12,80	16,70	24,50	44,00

S. 6

1. $y = 2x$

x	−3	−2	−1	0	1	2	3
y	−6	−4	−2	0	2	4	6

$y = 2x + 1$

x	−3	−2	−1	0	1	2	3
y	−5	−3	−1	1	3	5	7

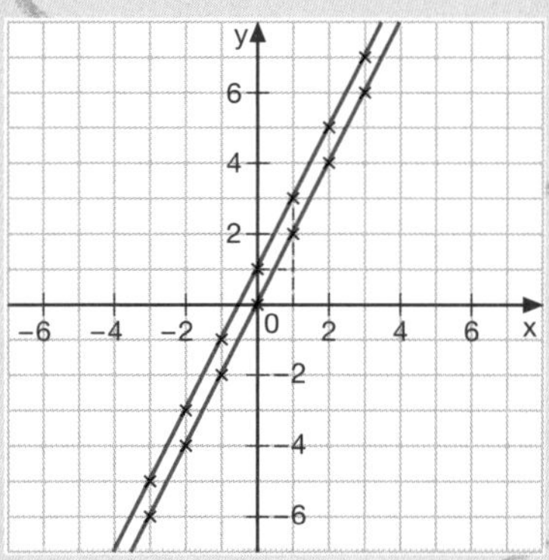

2. $y = -2x$

x	−3	−2	−1	0	1	2	3
y	+6	+4	+2	0	−2	−4	−6

$y = 2x + 3$

x	−3	−2	−1	0	1	2	3
y	+9	+7	+5	+3	+1	−1	−3

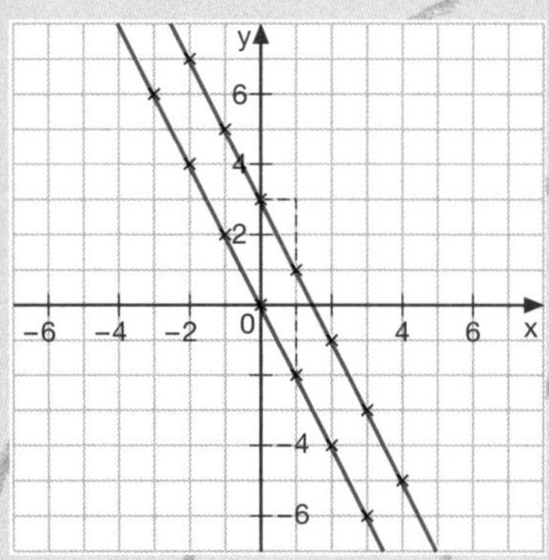

3. $y = \frac{1}{2}x$

x	−3	−2	−1	0	1	2	3
y	−1,5	−1	−0,5	0	0,5	1	1,5

$y = \frac{1}{2}x + 2$

x	−3	−2	−1	0	1	2	3
y	+0,5	+1	+1,5	+2	+2,5	+3	+3,5

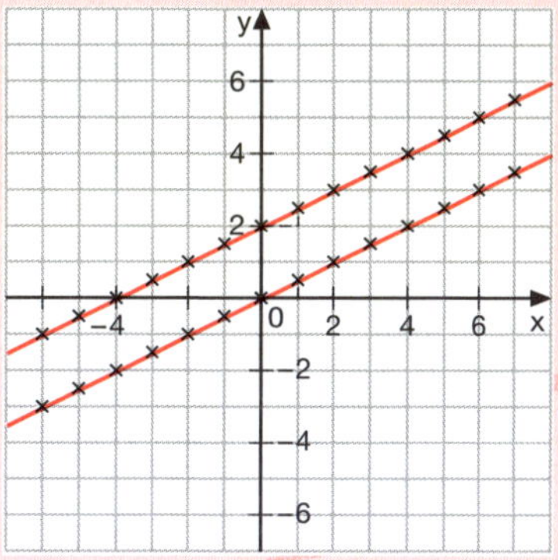

S. 7

1. 89,70 € (209,30 €); 400 €; 25 %
2. a) 150 €; 84 €; 25 % b) 120 kg; 900 kg; 11,1 %
3. a) Neupreis 67,50 € b) Nachlass 84 €; Preis 156 €
4. a) 70 % b) 7800 Zuschauer

S. 8

1. Alte Preise: City Bike 230 €; Gel-Sattel 38 €; Packtasche 51,43 €; Regencape 14 €
2. a) 20 % Rabatt b) Neuer Preis 20,24 € c) Alter Preis 52,94 € d) 6 % Rabatt
3. a) Alte Mitgliederzahl 280 b) 7,7 % Abnahme c) 40 % aktive Sportler, davon 75 % Jugendliche
4. Endbetrag 1568,32 €
5. DVD-Player 88,40 €; CD-Player 50,83 €; Video 108,80 €
6. Kamera 265,33 €; Drucker 212 €

S. 9

1. Blau 23 % / rot 6% / schwarz 19,4% / weiß 3,6% / grau-silber 37,8% / grün 7,8% / sonstige 2,4%
2. a) D 1160; Sp 500; I 532; Ö 288; F 260; Skand 264; Gr 236; Tü 212 b) 548 = 13,7 %
3. b) 130 339 / 86 893 / 54 308 / 43 446 / 25 344 / 21 723
4. a) Öffentl. Dienst: 16,3 %; Industrie/Handel: 10,4 %; Freie Berufe: 15,2 %; Landwirtschaft: 9,4 %; Handwerk: 10,1 %

S. 10

1. a) und b)

Unterschied	2001	2002	2003
Arbeiter	629 € 26,1 %	644 € 26,4 %	647 € 26,0 %
Angestellte	1015 € 29,9 %	1037 € 29,7 %	1072 € 29,9 %

c) Frauen: Anhebung um 53,27 € auf 1890,27 €
Männer: Anhebung um 72,04 € auf 2556 €

d) Frauen: Anhebung um 72,99 € auf 2589,99 €
Männer: Anhebung um 104,08 € auf 3693,08 €

2. In Großbritannien sind dreimal so viel Frauen in Führungspositionen als in Deutschland.

S. 11

1. Z = 1190 €; K = 12 000 €; p % = 7 %
2. a) 108 € b) 600 € c) 7000 € d) 90 000 € e) 3,5 % f) 4,5 % g) 1755 €
3. Nuri 75 € Jahreszinsen; Bruder 51 €
4. 960 € Zinsen
5. Zinssatz 6,4%
6. Kapital 125 000 €

S. 12

1. 427,50 € Zinsen
2. a) 95 € b) 250 € c) 320,40 € d) 2275 € e) 72 € f) 355,56 € g) 186,67 €
3. 33,51 € Zinsen
4. 37,50 € Zinsen
5. 2,9 % von 5000 € für 24 Monate = 290 € Zinsen
6. 6041,67 € Zinsen
7. 438,86 € Überziehung
8. p % = 14,3 %

S. 13

1. a) 2 Jahre 6180 € / 185,40 € / 6365,40 €
   3 Jahre 6365,40 € / 190,96 € / 6556,36 €
   4 Jahre 6556,36 € / 196,69 € / 6753,05 €

   b) 6753,05 €

2. a) 5970,26 € b) 5798,47 € c) 14 599,84 € d) 4254,27 € e) 32 556,50 €

3. 4094,51 €

4. Angebot 1: 463,70 € Angebot 2: 1126,12 € Angebot 3: 1477,09 € Angebot 4: 1350,00 €

S. 14
Test 1

1. Ates 1,60 € pro kg; Schulz 1,21 € pro kg

2. 12,5 kg

3. Zelt 70 € – 37%; Schlafsack 35% – 27,98 €

4. Nürburgring a) 308,863 km b) 195 $\frac{km}{h}$
   Hockenheim a) 306,458 km b) 211 $\frac{km}{h}$

5.

Frankfurt	48,4 Mio	39,7%
München	23,2 Mio	19,0%
Düsseldorf	14,7 Mio	12,0%
Berlin (ges.)	12,2 Mio	10,0%
Hamburg	9,0 Mio	7,4%
Stuttgart	7,3 Mio	6,0%
Köln/Bonn	5,3 Mio	4,3%
Leipzig/Halle	1,9 Mio	1,6%

S. 15
Test 2

1. Rucksack 35 € : 46,7%; Sandale 10 € : 33,4%

2. 321,5 $\frac{km}{h}$

3. 147 € Zinsen; 178,50 € Zinsen

4. a) Dez. 2003 – 103 ct; Febr. 2004 – 114,8 ct; Anstieg 11,8 ct b) Unterschied 6,49 € c) 70,6 %

5. Girokonto: 617,50 € Zinsen Angebot 1: 4220,00 € Zinsen und Gebühr Angebot 2: 4370,00 € Zinsen

S. 16

1. Trapez: $A = \frac{a + c}{2} \cdot h$; Parallelogramm: $A = a \cdot h$; Dreieck: $A = \frac{g \cdot h}{2}$; Rechteck: $A = a \cdot b$; Kreis: $A = \pi \cdot r^2$ und $u = \pi \cdot d$

2. $A = \frac{50 \cdot 36}{2}\ mm^2 = 900\ mm^2$ b) $A = \frac{45 \cdot 38}{2}\ mm^2 = 855\ mm^2$

3. a) (1) $A = 46{,}2\ cm^2$ (2) $h = 6{,}5\ cm$ (3) $h = 12{,}5\ dm$
   b) (1) $A = 4500\ mm^2$ (2) $A = 69\ m^2$ (3) $h = 10\ dm$

4. a) $A = 1774{,}5\ mm^2$
   b) $A = 15{,}12\ cm^2$

S. 17

1. Rechteck: $A = 14\,112\ mm^2$
   Figur (1) = Figur (2): $A = 3920\ mm^2$; Figur (3): $A = 6272\ mm^2$

2. a) $A = 198{,}81\ mm^2$ b) $A = 4900\ mm^2$ c) $A = 2990{,}61\ mm^2$

3. Trapez: $A = 1537{,}5\ cm^2$; Rand: $A = 9225\ cm^2$; kl. Dreieck: $A = 960\ cm^2$
   Innenfläche: $A = 5760\ cm^2$; Gesamtfläche: $A = 14\,985\ cm^2$

S. 18

1.

Kreis	a)	b)	c)	d)	e)	f)
r	5 cm	10 cm	20 cm	9 dm	4,5 dm	1,5 dm
d	10 cm	20 cm	40 cm	18 dm	9 dm	3 dm
u	31,4 cm	62,8 cm	125,7 cm	56,5 dm	28,3 dm	9,4 dm
A	78,5 cm^2	314,2 cm^2	1256,6 cm^2	254,5 dm^2	63,6 dm^2	7,1 dm^2

2. a) r = 7,27 m; d = 14,53 m; $A = 165{,}83\ m^2$
   b) r = 11,12 m; d = 22,23 m; $A = 388{,}15\ m^2$
   c) r = 39 cm; d = 78 cm; $A = 4778{,}36\ cm^2$

3. a) r = 1,78 m; d = 3,56 m; u = 11,18 m
   b) r = 3,09 m; d = 6,18 m; u = 19,42 m
   c) r = 5,64 dm; d = 11,28 dm; u = 35,44 dm
   d) r = 2,82 dm; d = 5,64 dm; u = 17,72 dm

4. a) $A = 339{,}3\ cm^2$
   b) $A = 5{,}5\ cm^2$
   c) $A = 11{,}9\ cm^2$

5. a) $A = 123{,}61\ cm^2$
   b) $A = 6{,}33\ dm^2$

S. 19

1. a) 180 = 225 (nein)
   b) 1156 = 1190,25 (nein)
   c) 243,36 = 243,36 (ja)
2. a) 8,06 cm
   b) 85,8 mm
3. a) 29,1 mm
   b) 4,5 dm
4. a) $\overline{AC}$ = 16,2 cm; $\overline{BC}$ = 25 cm
   b) $\overline{DE}$ = 4 cm; $\overline{EC}$ = 1,8 cm

S. 20

1. 18,82 m
2. 74,83 m
3. a) 7,60 m
   b) 4,38 m
4. 1,51 m
5. a) 2,14 m
   b) 6,21 m^2

S. 21

Test 1

1. a) A = 46,8 cm^2
   b) 4,91 m^2
2. a) c = 2,8 cm
   b) a = 6,9 cm
3. A = 17,9 cm^2; u = 19,5 cm
4. a) u = 13,28 m; A = 10,14 m^2
   b) 17 Personen

Test 2

1. a) d = 7 m
   b) u = 22 m
2. a) A = 45,75 cm^2
   b) A = 4,56 m^2
3. a) b = 426 mm
   b) u = 175,2 cm; A = 1917 cm^2

S. 22

1. a) $c^2 = 49^2 + 65^2 = 6626$;
   c = 81 mm
   b) $\sin\alpha = \frac{65}{81} = 0{,}80$; $\cos\alpha = \frac{49}{81} = 0{,}60$; $\tan\alpha = \frac{65}{49} = 1{,}33$
   $\sin\beta = \frac{49}{81} = 0{,}60$; $\cos\beta = \frac{65}{81} = 0{,}80$; $\tan\beta = \frac{49}{65} = 0{,}75$
   c) $\alpha = 53{,}1°$; $\beta = 36{,}9°$
2. a) (1) $\overline{PQ}$ = 8,8 cm; (2) $\overline{KL}$ = 7,5 cm
   b) (1) u = 20,5 cm; A = 14,8 cm^2; (2) u = 18 cm; A = 13,5 cm^2
3. a) $\alpha = 69°$
   b) Abstand = 3,23 m

S. 23

1. ja: A B D E
   nein: C F
2. a) G = 40,2 cm^2; M = 148 cm^2;
   O = 228,4 cm^2
   b) V = 201 cm^3
3. a) A_Q = 444 mm^2
   b) V = 1243,2 cm^3;
   Masse = 9,697 kg
4. V = 1800 m^3

S. 24

1. a) V = 141,37 cm^3
   b) V = 565,49 cm^3
   c) V = 11 769,19 cm^3
2. G = 113,10 cm^2; M = 263,89 cm^2; O = 490,09 cm^2
3. a) V = 208,099 cm^3
   b) Masse = 1623,172 g
4. 34,71 €
5. a) V = 26 703,538 cm^3; G = 208,288 kg
   b) Abfall 21,5 %

S. 25

1. a) V = 196 cm^3
   b) V = 670,2 cm^3
   c) V = 33 510,3 cm^3
2. V = 200 cm^3; Masse = 540 g = 0,540 kg
3. G = 1600 mm^2; h_s = 60 mm;
   M = 4800 mm^2; O = 6400 mm^2
4. a) 9202,772 m^3 Gas
   b) O = 2123,72 m^2; erforderlich 2498,49 m^2

S. 26

1. (1) r (2) h (3) v (4) l
2.

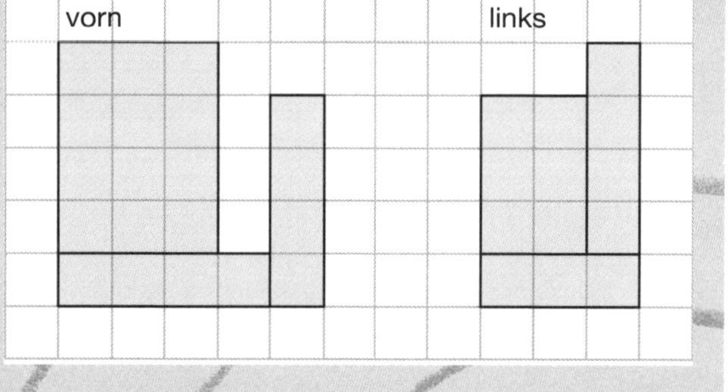

S. 27

1. (1) – C Aufriss; D Seitenriss
   (2) – C Draufsicht
   (3) – B Aufriss
   (4) – A Aufriss; Seitenriss
   (5) – B, D Draufsicht

2. a)

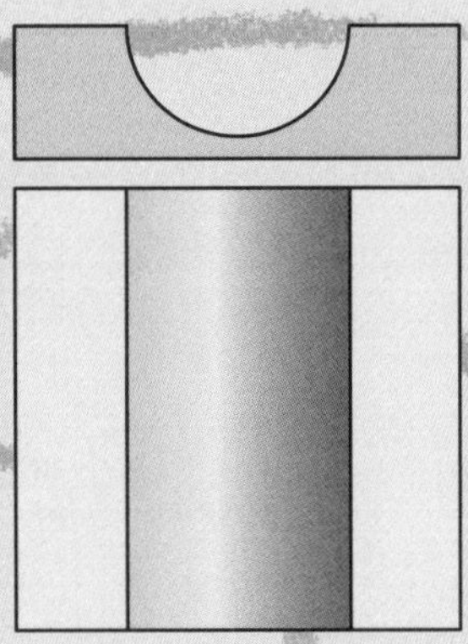

S. 28

Test 1

1. a) $V = 54\ cm^3$
   b) $V = 288\ dm^3$
   c) $V = 114{,}04\ cm^3$

2. $M = 3{,}53\ m^2$

3. a) $V = 2732{,}738\ m^3$
   b) Masse = 21,315 kg

Test 2

1. a) $V = 1320\ cm^3$
   b) $V = 4125{,}3\ mm^3$
   c) $V = 95{,}72\ cm^3$

2. $s = 9{,}75\ m$; $M = 114{,}86\ m^2$; erforderlich $135{,}13\ m^2$

3. $O = 40\,363{,}18\ cm^2 - 3200\ cm^2 + 48\ cm^2 = 37\,211{,}18\ cm^2$

S. 29

1. a) $18x + 11$ b) $15x$ c) $x + 31$ d) 0 e) $13x$

2. a) $172x - 55y$ b) $-26x$ c) $-10x$

3. $B \to a$; $C \to e$; $D \to c$; $E \to d$

4. a) $16r + 8g$; $20r + 15g$ b) $24r + 24g$; $28r + 35g$
   r immer +4; g: +5, +7, +9, +11, ...

S. 30

1. a) $3x + 3y$, $6x + 6a$, $5c + 5y$
   b) $5x - 5y$, $12x - 60$, $120 - 15y$
   c) $8a - 8b$, $7a - 63$, $108 - 18a$

2. a) $72 - 45x$ b) $108 - 48x$ c) $150 + 180y$
   d) $65x + 104y$ e) $24x - 48y$ f) $126y - 72x$

3. a) $5y + 30$ b) $18x - 24y$

4. a) $a^2 + 10a + 21$ b) $-x^2 + 9x - 20$ c) $-x^2 - 4x + 96$

5. a) $x^2 + 2xy + y^2$, $a^2 + 8a + 16$, $36 + 12c + c^2$
   b) $x^2 - 6x + 9$, $25 - 10b + b^2$, $c^2 - 24c + 144$

6. a) $16 + 24a + 9a^2$, $81 - 90a + 25a^2$, $64 + 144c + 81c^2$
   b) $36x^2 - 48xy + 16y^2$, $16x^2 + 40xy + 25y^2$, $25y^2 - 80xy + 64x^2$

7. a) $x^2 + 8x + 16$, $x^2 + 10x + 25$
   b) $x^2 - 4x + 4$, $x^2 - 20x + 100$
   c) $a^2 + 26a + 169$, $a^2 - 14a + 49$
   d) $a^2 - 18a + 81$, $a^2 + 32a + 256$

S. 31

1. $x = 15$

2. a) $x = 30$ b) $x = -45$ c) $x = 18$

3. a) $x = 20$, $x = 23$ b) $x = -3$, $x = 6$ c) $x = -12$, $x = 25$

4. a) $x = 20$ b) $x = 16$ c) $x = 24$

5. a) $x = 18$ b) $x = -10$ c) $x = 0$ d) $x = -5$

S. 32

1. $4x + 3 \cdot (x + 0{,}50) = 12$; Rose 1,50 €; Lilie 2,00 €

2. Freesie 0,70 €; Tulpe 0,40 €

3. Großer Karton 55 kg; kleiner Karton 35 kg

4. a) $x = 0{,}40\ m$ b) $V = 0{,}208\ m^3$

S. 33

1. Quadratische Säule $V = 36\ cm^3$; $\varrho = 7{,}8\ \frac{g}{cm^3}$
   Zylinder $V = 63{,}6\ cm^3$; $\varrho = 0{,}7\ \frac{g}{cm^3}$
   Quadratische Pyramide $V = 48\ cm^3$; $\varrho = 2{,}7\ \frac{g}{cm^3}$

2. $1350\ cm^3$ wiegen 10,530 kg

3. $V = 3{,}333\ m^3$

4. a) $V = 14{,}50\ m^3$ b) $m = 31{,}33\ t$

S. 34

1. a) $200\ \frac{m}{min}$ b) $90\ \frac{km}{h}$ c) $1{,}5\ \frac{km}{min}$ d) $20\ \frac{m}{s}$

2. a) s = 1440 m b) s = 6187,5 km c) t = 5 h 15 min d) t = 5 min 30 s

3. a) $4{,}5\ \frac{km}{min} = 4500\ \frac{m}{min} = 75\ \frac{m}{s}$
   b) t = 2 h 40 min

4. a) $v = 0{,}067\ \frac{km}{s} = 240\ \frac{km}{h}$
   b) s = 503,333 km (Start ungleich Ziel)

S. 35

1. Z = 3,41 € 2. a) 1,25 € b) 1,48 € c) 10,94 € d) 25,65 € e) 38,76 € f) 25,45 € g) 157,50 €

3. a) K = 1053,59 € b) K = 1579,59 € c) p% = 22,3% d) p% = 14,2% e) t = 170 Tage f) t = 90 Tage g) t = 270 Tage

4. a) Abschlussgebühr 106,08 €
   b) Z = 1392,30 €
   c) Rate 407,01 €
   d) Gesamtpreis 14 758,38 € + 6300 € = 21 058,38 €

5. 1. Angebot: Z = 1587,50 € + 3400 € = 4987,50 €
   2. Angebot: Z = 1860,00 € + 3105 € = 4965,00 €

S. 36

1. a) $V = 147\,000\ cm^3$
   b) $V = 692{,}721\ dm^3$
   c) $V = 0{,}896\ m^3$
   d) $V = 8{,}160\ m^3$

2. a) $V = 161\ m^3$
   b) s = 8,83 m
   c) $M = 124{,}83\ m^2$; benötigt $141{,}85\ m^2$
   d) Endpreis 13 700,04 € bzw. 13 426,04 € bei 2% Skonto

3. a) $V = 17\,730{,}385\ cm^3$
   b) $d_i = 200$ mm
   c) $M_{außen} = 12\,644{,}91\ cm^2 = 1{,}26\ m^2$;
   $M_{innen} = 10\,995{,}57\ cm^2 = 1{,}10\ m^2$
   Summe = $2{,}36\ m^2$

S. 37

Test 1

1. a) −x − 2
   b) −2x + 9y
   c) 29x − 183

2. a) x = 3
   b) x = 3
   c) x = 1,5

3. Sitzplatz 15 €
   Stehplatz 9 €

Test 2

1. a) Dichte = $1{,}5\ \frac{g}{cm^3}$
   b) m = 735 g
   c) $V = 360\ cm^3$

2. a) $v = 1{,}6\ \frac{km}{min}$
   b) s = 19,6 km
   c) t = 26 h 40 min

3. p% = 16%

4. a) $V = 4{,}002\ m^3$
   b) $V = 1{,}272\ m^3$

S. 38

1.

200	675	1000	1450	220	150	65	245
525	1000	1325	1775	340	270	185	365
1305	1780	2105	2555	550	480	395	575
2435	2910	3235	3685	980	910	825	1005

2. 136 534 707 216 25 872 453 572

3. a) 19 596, 22 700, 80 324, 21 246
   b) 21 184, 29 470, 81 569, 92 986

4. a) 4615, 2425, 30 000, 54 644
   b) 160, 2922, 9586, 50 372

5. a) 58 042 + 3689 + 476 = 62 207
   b) 68 642 + 7843 + 4099 = 80 584
   c) 717 963 − 204 098 − 73 946 = 439 919
   d) 847 634 − 384 098 − 97 643 = 365 893

6. a)
   56 834
   43 379 | 13 455
   32 370 | 11 009 | 2446

   b)
   73 699 | 4003 | 3308
   69 696 | 695
   69 001

S. 39

1.

114	171	209	380	20	15	10	6
150	225	275	500	120	90	60	36
720	1080	1320	2400	220	165	110	66
1500	2250	2750	5000	260	195	130	78

2. a) 3108, 2652, 2581
   b) 9672, 3156, 11 592
   c) 215 016, 209 999, 313 608
   d) 16, 68, 213
   e) 47, 139, 142

3. 448 / 56 / 4212 / 18 / 216 / 27 000 / 300 / 5100 / 1233 / 1296 / 72 / 88 038 / 14 673

4. a)

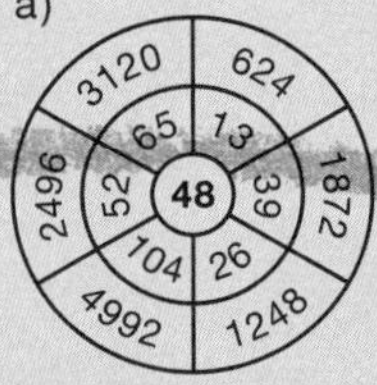

b)

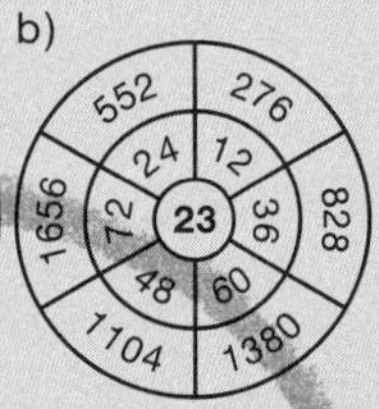

c)

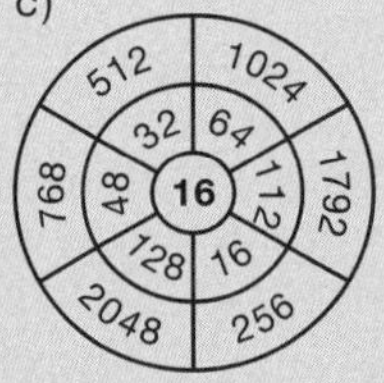

5.

[A] 4	[B] 5	1	[C] 2		[D] 8	[E] 1		[F] 8	[G] 1
[H] 4	6		[J] 1	9	0	6	2		6
[K] 6	5	8	4		0		[L] 1	[M] 9	2
[N] 9	1		[O] 6	4	5	[P] 8		[Q] 9	2
6		[R] 6		[S] 5	4	0	[T] 5	1	8
	[U] 4	1	1	6		7	4	0	
[V] 1	0	0		[W] 1	0	8		9	[X] 2
[Y] 9	2	0	0		[Z] 9	4	6		6

S. 40

1. a) 13 555,487 b) 10 926,9 c) 42,417 d) 181,63

2. a) 119,909 b) 1000,952 c) 539,402 d) 0,8109

3.

3,179	29,633	40,777	0,735	420,76	378,33	410,68	369,33
69,765	96,219	107,363	67,321	51,44	9,01	41,36	0,01
150,676	177,13	188,274	148,232	121,36	78,93	111,28	69,93
2,606	29,06	40,204	0,162	201,43	159,0	191,35	150,00

4. a) 782,547 b) 3313,92 c) 748,139 d) 1674,261 e) 5,202 f) 0,326

5. a) 7 € / 13 € / 0 € / 11 € b) 2,5 kg / 10,7 kg / 19,5 kg / 0,9 kg

6. 1,696 → 1,70 / 0,7791 → 0,78 / 12,3069 → 12,31 / 0,0098 → 0,01 / 0,0479 → 0,05 / 0,597 → 0,60

S. 41

1.

a)	47,9	130,62	0,04	0,5	17
b)	479	1306,2	0,4	5	170
c)	4790	13 062	4	50	1700

2. a)

0,9	2,1	4,5	6,0
0,21	0,49	1,05	1,4
7,5	17,5	37,5	50,0

b)

2,0	2,5	10,0	15,0
0,24	0,30	1,2	1,8
4,20	5,25	21,0	31,5

3. a) 169,28 b) 447,7179

4. a) 149,0914 b) 101,15 c) 5,996296

5. a) 21,12032 < 21,12066
320,2 < 322,0
b) 2,14221 < 21,4221
200,4501 < 2004,501

6. a) 224,694
201,15502
624,55212
69,96444
b) 24 243,232
15,60064
107,72258
139,690395

S. 42

1. a) 34,881 / 1,476 / 8,05 / 0,075 / 1,507 b) 3,4881 / 0,1476 / 0,805 / 0,0075 / 0,1507
c) 0,34881 / 0,01476 / 0,0805 / 0,00075 / 0,01507

2. a)

0,1	0,05	0,02	0,01
0,2	0,1	0,04	0,02
0,05	0,025	0,010	0,005
0,04	0,02	0,008	0,004

b)

1,2	0,6	0,3	0,24
4,8	2,4	1,2	0,96
6,4	3,2	1,6	1,28
0,02	0,01	0,005	0,004

3. a) 2,55
b) 3,325

4. a) 6,03
b) 6,03
c) 7,03

5. a) 0,39
b) 5,02

6. a) 0,58
1,01
b) 12,640286
4,15
c) 0,303
0,0505

S. 43

1. a) 150
0,2
60,3
b) 90
610
120

2. a) 900
b) 350
c) 140

3. a) 6
b) 3,36

4. a) 0,008 < 8
0,0005 < 500
b) 0,00003 < 3030
60 = 60

5. a) 4,63 — 0,28 — 4,29 b) 0,94 — 47,53 — 3,82 c) 333,33 — 69,49 — 0,74

6. a) 5,44 € b) 12,40 $\frac{€}{kg}$ c) 0,250 kg d) 4,32 €

S. 44

1. $\frac{25}{100} = \frac{1}{4} = 0{,}25 = \frac{5}{20}$ / $\frac{5}{4} = \frac{25}{20} = 1{,}25 = \frac{10}{8}$ / $\frac{10}{30} = \frac{1}{3} = \frac{3}{9} = \frac{2}{6}$

   $\frac{2}{4} = \frac{50}{100} = \frac{1}{2} = 0{,}5$ / $\frac{6}{8} = \frac{75}{100} = 0{,}75 = \frac{3}{4}$ / $\frac{4}{10} = \frac{2}{5} = \frac{40}{100} = 0{,}4$

2. a) 45 min b) 5 min c) 40 min d) 50 min

3. a) 96 kg b) 1950 m c) 84 *l* d) 108 kg

4. a) 45 € b) 8,75 € c) 280 *l* d) 189 kg e) 60 g f) 247 h g) 240

5. A hat 196 € gespart. B fehlen noch 35 €.

S. 45

1. a) $\frac{9}{12}$ b) $\frac{10}{15}$ c) $\frac{12}{20}$ d) $\frac{10}{24}$

2. a) $\frac{3}{4}$ b) $\frac{2}{3}$ c) $\frac{2}{3}$

3. a) $\frac{1}{2}$ b) $1\frac{1}{6}$ c) $3\frac{1}{2}$
   $\frac{1}{6}$ — $\frac{1}{2}$ — $\frac{7}{9}$

4. a) $1\frac{5}{12}$ b) $1\frac{7}{90}$ c) $3\frac{1}{3}$
   $\frac{3}{20}$ — $\frac{1}{9}$ — $\frac{2}{5}$

5. a)

	$1\frac{23}{24}$	
$\frac{7}{6}$		$\frac{19}{24}$

b)

$\frac{2}{3}$		$\frac{1}{5}$
	$\frac{7}{15}$	

6. a) 2 — $1\frac{1}{12}$ — $1\frac{3}{4}$
   $2\frac{7}{20}$ — $1\frac{13}{30}$ — $2\frac{1}{10}$
   b) $1\frac{17}{20}$ — $2\frac{1}{12}$ — $1\frac{23}{28}$
   $\frac{13}{30}$ — $\frac{2}{3}$ — $\frac{17}{42}$

7. a) $15\frac{7}{10}$ b) $6\frac{11}{24}$ c) $2\frac{4}{9}$ d) $3\frac{5}{12}$

S. 46

1. a) $3\frac{1}{3}$ b) $4\frac{1}{2}$ c) 2
   $1\frac{4}{5}$ — $2\frac{4}{5}$ — $1\frac{3}{4}$
   $1\frac{5}{7}$ — 2 — 6

2. a) $\frac{2}{5}$ b) $\frac{1}{8}$ c) $\frac{7}{15}$
   $\frac{5}{16}$ — $\frac{1}{15}$ — $\frac{2}{5}$
   $\frac{3}{10}$ — $\frac{2}{9}$ — $2\frac{1}{4}$

3. a) $\frac{3}{4}$ b) 1
   $\frac{1}{6}$ — $18\frac{1}{3}$

4. a) $\frac{9}{10}$
   $\frac{3}{4}$

5. a) $\frac{3}{20}$ b) $1\frac{1}{20}$
   $2\frac{5}{8}$ — $\frac{2}{5}$
   6 — 1

S. 47

1. 300 mm

2. 45 cm

3. 205 cm = 20,5 dm
   7,5 m = 750 cm
   0,950 km = 9500 dm
   1,65 m = 16,5 dm

4. a) 0,084 km — 0,009 km — 0,23 m — 0,07 m
   b) 70,3 dm — 6,1 dm — 4,5 km — 4000 mm
   c) 1450 m — 560 m — 4 m — 15500 m

5. 1 cm ≙ 20 km
   30 km + 36 km + 16 km + 46 km + 58 km = 186 km

S. 48

1. 84 cm^2 = 0,84 dm^2
   77 500 cm^2 = 7,75 m^2
   1400 cm^2 = 140 000 mm^2
   160 dm^2 = 1,60 m^2

2. a) 100 a — 0,125 m^2 — 340 a — 7 650 000 m^2
   b) 0,70 dm^2 — 0,06 dm^2 — 0,0375 km^2 — 0,249 km^2
   c) 1 650 000 m^2 — 560 000 m^2 — 4a — 1550 m^2

3. WoZi 28 m^2 / Kind 12 m^2 + 12 m^2 = 24 m^2 / SchlZi 16 m^2 / Bad 6 m^2 / Küche 8 m^2 / Flur 16 m^2 / SUMME 98 m^2
   Preis je m^2 = 7,00 €

4. Gesamtfläche 96 m^2 / Tür 2 m^2 / Fenster 6 m^2 / Preis Restfläche 2464 €; Endpreis 2858,24 €

S. 49

1. Fass 2 hl / Becher 0,5 *l* / Schüssel 4 *l* / Tank 5 m^3 / Eimer 10 *l* / Aquarium 80 *l*

2. 65 dm^3 = 0,065 m^3 / 5 dm^3 = 5000 cm^3 / 7 dm^3 = 0,007 m^3 / 900 cm^3 = 900 000 mm^3 / 6400 dm^3 = 6 400 000 cm^3

3. 4 *l* = 4 dm^3 / 4 hl = 400 *l* / 5 *l* = 5 000 000 mm^3 / 4 m^3 = 400 dm^3 / 0,5 *l* = 500 ml

4. 90 kg

5. a) 3500 kg / 4,500 kg / 0,700 t / 0,080 t / 4 kg
   b) 35 000 g / 6 kg / 350 g / 300 000 mg / 1550 g

6. 12,480 kg / 1,890 kg / 32,760 kg / 0,520 kg

S. 50

1. a) Köln-Ost: 18.30 Uhr; Kamen: 19.20 Uhr; Hannover: 20.20 Uhr
   b) 150 $\frac{km}{h}$

2.

	Frau Rose	Herr Schmidt	Herr Ates	Frau Möller	Herr Özdemir
Abfahrt	9.30	11.05	13.55	15.45	19.00
Ankunft	10.07	12.18	14.38	16.09	20.05
Fahrtdauer	37 min	1 h 13 min	43 min	24 min	1 h 5 min
Besprechungszeit	45 min	1 h 2 min	52 min	91 min	1 h 20 min
Uhrzeit	10.52	13.20	15.30	17.40	21.25

3. 2400 s = $\frac{2}{3}$ h / 360 s = $\frac{1}{10}$ h / 900 s = $\frac{1}{4}$ h

4. a) $1\frac{1}{2}$ min
   10 800 s
   b) 252 min
   3900 s
   c) 3600 min
   200 min

5. Frau Kurth 140 $\frac{km}{h}$; Herr Meister 104 $\frac{km}{h}$

6. a) 120 000 $\frac{m}{h}$ = 2000 $\frac{m}{min}$ = 33,33 $\frac{m}{s}$
   b) 30 000 $\frac{m}{h}$ = 500 $\frac{m}{min}$ = 8,33 $\frac{m}{s}$
   c) 80 000 $\frac{m}{h}$ = 1333,33 $\frac{m}{min}$ = 22,22 $\frac{m}{s}$

S. 51

1. 748,00+

2. a) −30 / +6 / −23
   b) −10 / −2,0 / −2,1
   c) −18 / −116 / −75
   d) −2,3 / −18,6 / −25,0
   e) −10,4 / +12,6 / −26,1

3. a) −32 / +3 / −6
   b) −67 / −22,0 / +20,6

4. −24 / +32,4 / −9 / +3,6
   +18,0 / −24,3 / +6,75 / −2,7
   −48 / +64,8 / −18,0 / +7,2
   +24,8 / −33,48 / +9,3 / −3,72
   +11,2 / −15,12 / +4,2 / −1,68

5. a) −9 / +6 / −5 / +6
   b) −0,9 / +5 / −3 / −15

6. a) −0,92 / −68,76 / +47,0
   b) −21,55 / +10,2 / −11,4

7. 9 / −3 / 6 / 12 / −7,2 / −16 / −3,2 / −4

S. 52

1. 10^3; 10^6; 10^9; 10^{12}

2. a) 6000
   b) 4200 000
   c) 608 000

3. a) $4,5 \cdot 10^6$
   b) $8,1 \cdot 10^9$
   c) $5,2 \cdot 10^{12}$
   d) $3,45 \cdot 10^6$

4. a) 9 460 000 000 000 km
   b) 100 000 000 000 Zellen
   c) $1,49 \cdot 10^8$ km
   d) $3,83 \cdot 10^5$ km

5. a) 0,000000000001 mm
   b) 0,000002 mm
   c) $7,2 \cdot 10^{-3}$ mm

6. a) 64 / 81 / 1,44
   b) 32 / 216 / 39,0625

7. a) $\frac{1}{25}$ b) $\frac{1}{32}$ c) $\frac{1}{1000}$

8. a) 5^2 b) 5^3 c) 3^2 d) 4^2 e) 2^4 f) 3^3 g) 4^3 h) 2^6

9. a) 5^{-2} b) 10^{-3} c) 5^{-3} d) 9^{-2}

S. 53

1. a) 10 / 12 / 14
   b) 9 / 7 / 15

2. a) 40 / 0,5 / 2,5
   b) 70 / 0,6 / 3,5

3. a) 20 m b) 30 m c) 25 m d) 35 m e) 50 m f) 60 m

4. a) 3 m b) 4 m c) 1,50 m d) 2,50 m

5. a) 4 cm b) 5 cm c) 8 cm

S. 54

1. a) · 2 / −4; 40 36
   b) +5 / −2 ; 18 16
   c) +1 / +2 / +3 ...; 48 58
   d) −1 / −2 / −3 ...; 55 45
   e) · (−2); −512 1024
   f) +3 / +4 / −5; 9 12
   g) :2 / · (−1) / +40; −20 −10

2. a) 256; 512
   b) 5 / 10 / 10 / 5

3. a) 60 b) 64 c) 6 d) 5 e) 2

S. 55

1. a) 3; 12; 20; 28
   b) 36; 44; 52; 60

2. a) 1; 12; 24; 36
   b) 48; 60

3. a) Das Ergebnis 495 wiederholt sich.
   b) c) Es führt immer auf die Zahl 495.